essentials

Essentials liefern aktuelles Wissen in konzentrierter Form. Die Essenz dessen, worauf es als „State-of-the-Art" in der gegenwärtigen Fachdiskussion oder in der Praxis ankommt. Essentials informieren schnell, unkompliziert und verständlich.

- als Einführung in ein aktuelles Thema aus Ihrem Fachgebiet
- als Einstieg in ein für Sie noch unbekanntes Themenfeld
- als Einblick, um zum Thema mitreden zu können.

Die Bücher in elektronischer und gedruckter Form bringen das Expertenwissen von Springer-Fachautoren kompakt zur Darstellung. Sie sind besonders für die Nutzung als eBook auf Tablet-PCs, eBook-Readern und Smartphones geeignet.

Essentials: Wissensbausteine aus Wirtschaft und Gesellschaft, Medizin, Psychologie und Gesundheitsberufen, Technik und Naturwissenschaften. Von renommierten Autoren der Verlagsmarken Springer Gabler, Springer VS, Springer Medizin, Springer Spektrum, Springer Vieweg und Springer Psychologie.

Jörg Scheffler

Die gesetzliche Basis und Förderinstrumente der Energiewende

Aktueller Stand des EEG und des KWK-G

Prof. Dr.-Ing. Jörg Scheffler
Merseburg
Deutschland

ISSN 2197-6708   ISSN 2197-6716 (electronic)
[essentials]
ISBN 978-3-658-07553-8   ISBN 978-3-658-07554-5 (eBook)
DOI 10.1007/978-3-658-07554-5

Die Deutsche Nationalbibliothek verzeichnet diese Publikation in der Deutschen Nationalbibliografie; detaillierte bibliografische Daten sind im Internet über http://dnb.d-nb.de abrufbar.

Gedruckt auf säurefreiem und chlorfrei gebleichtem Papier

Springer Vieweg ist eine Marke von Springer DE. Springer DE ist Teil der Fachverlagsgruppe Springer Science+Business Media
www.springer-vieweg.de

Was Sie in diesem Essential finden können

Gegenstand des Essentials sind die gesetzlichen Grundlagen, die in Deutschland zur Förderung des Einsatzes erneuerbarer Primärenergieträger und zur Förderung der Kraft-Wärme-Kopplung bestehen. Einleitend werden internationale und nationale Rahmenvorgaben erläutert.

Das *Gesetz für den Vorrang Erneuerbarer Energien – EEG* als das von seiner Wirkung her zentrale gesetzliche Instrument zur Forcierung der Energiewende wird in seinen Zielen und in seiner Entwicklung bis zum aktuellen EEG 2014 vorgestellt. Schwerpunkt bilden dabei die Gesetzesinhalte mit Bezug zu elektrischen Netzen.

Die Fördermechanismen über Vergütung und Direktvermarktung sowie der Ausgleichmechanismus werden detailliert dargestellt und am Beispiel der Berechnung der EEG-Umlage des Jahres 2014 nachvollziehbar erläutert. Die Umsetzung des EEG wird am Beispiel der Festlegung des Netzverknüpfungspunktes demonstriert und die wirtschaftliche Zumutbarkeit des Netzausbaus an einem Beispiel erläutert.

Für das *Gesetz für die Erhaltung, die Modernisierung und den Ausbau der Kraft-Wärme-Kopplung – KWKG* werden die Ziel des Gesetzes und die Grundsätze der Vergütung dargestellt. Für das aktuelle KWKG 2012 werden die Zuschlagzahlungen und der Belastungsausgleich gezeigt und am Beispiel der Berechnung der KWK-Umlage für Letztverbraucher der Kategorie A für das Jahr 2014 nachvollziehbar erläutert.

Im Anschluss werden gesetzliche Förderinstrumente in Ergänzung der beiden genannten Gesetze aufgeführt und erläutert.

Ein umfangreiches Literaturverzeichnis ermöglicht es dem Nutzer unter anderem, schnell auf laufend aktualisierte Datenbasen zuzugreifen.

Einleitung

Die Energiewirtschaften der Industriestaaten befinden sich in einem grundlegenden Wandel. Die Ursachen dieser „Energiewende" sind länderspezifisch und spiegeln sich in energiepolitischen Zielstellungen wider. Für Deutschland liegen sie einerseits in der Notwendigkeit zur Reduktion des CO_2-Austoßes und der Abhängigkeit von Energierohstoffimporten und andererseits in der Liberalisierung des Energiemarktes und dem Ausstieg aus der Kernenergienutzung zur Elektroenergieerzeugung.

Die Umsetzung dieser Zielstellungen erfordert den Einsatz erneuerbarer Energieträger und effizienterer Techniken zur Nutzung konventioneller Primärenergieträger. Diese Energietechnologien arbeiten vorwiegend in kleinen Leistungsbereichen und führen zu einer dezentralen Speisung besonders der Verteilnetzebenen an zahlreichen Netzknoten.

Verbunden mit dem Umbau der Erzeugerlandschaft und des Elektroenergieversorgungsystems sind hohe und meist erst langfristig wirtschaftliche Investitionen. Diese werden politisch gewollt durch eine gesetzlich geregelte wirtschaftliche Förderung getragen. Diese Förderung baut auf internationalen Rahmenvorgaben der globalen und der europäischen Ebene sowie nationalen Zielstellungen auf.

Inhaltsverzeichnis

Internationale und nationale Rahmenvorgaben

Die weltweiten Anstrengungen zum Klimaschutz reichen weit zurück. Im Juni 1992 fand in Rio de Janeiro eine Konferenz der Vereinten Nationen über Umwelt und Entwicklung statt. In deren Ergebnis wurden mehrere multilaterale Umweltabkommen vereinbart, darunter eine Klimarahmenkonvention. Auf dem 1997 veranstalteten Weltklimagipfel im japanischen Kyoto wurde ein Zusatzprotokoll zur Ausgestaltung der Klimarahmenkonvention der Vereinten Nationen beschlossen (UNFCCC 1998). Das Abkommen trat 2005 in Kraft, nachdem es von 55 Staaten ratifiziert wurde, die zusammen mehr als 55 % der CO_2-Emissionen des Jahres 1990 verursachten. Es schreibt erstmals verbindliche Zielwerte für den Ausstoß von Treibhausgasen, vor allem von CO_2, fest. Es sieht vor, den jährlichen Treibhausgasausstoß der Industrieländer bis zum Zeitraum von 2008–2012 um durchschnittlich 5,2 % gegenüber 1990 zu reduzieren. Länderspezifisch ergeben sich differenzierte Anforderungen, das für Deutschland vereinbarte Reduktionsziel liegt bei 21 %.

Durch das *Kyoto-Protokoll* wurde mit vier flexiblen Mechanismen ein neuer Ansatz in der internationalen Klimaschutzpolitik eingeführt. Anstelle einer „harten" Politik in Form von Geboten und Verboten sollen marktwirtschaftliche Anreize den Klimaschutz fördern. Das sind

• der *Emissionsrechtehandel*: Staaten dürfen untereinander Emissionsrechte (zugeteilt entsprechend der im Protokoll festgehaltenen Emissionen für 1990 und der dazu vereinbarten Reduzierungen) handeln, dadurch werden Emissionsminderungen dort umgesetzt, wo sie am kostengünstigsten sind,

© Springer Fachmedien Wiesbaden 2014
J. Scheffler, *Die gesetzliche Basis und Förderinstrumente der Energiewende*,
essentials, DOI 10.1007/978-3-658-07554-5_1

- das *Konzept der gemeinsamen Umsetzung* (Joint Implementation): Staaten können in emissionsmindernde Maßnahmen anderer Staaten investieren, in denen Einsparungen kostengünstiger umzusetzen sind,
- der *Mechanismus für umweltverträgliche Entwicklung* (Clean Development Mechanism): Umsetzung von emissionsmindernden Maßnahmen in Entwicklungsländern, die selbst keine Verpflichtung zur Reduktion haben und
- die *Lastenteilung* (Burden Sharing): freiwillige Umverteilung von Reduktionsverpflichtungen zwischen zwei oder mehreren Staaten.

Das Abkommen wurde 2002 von Deutschland in nationales Recht umgesetzt (Kyoto-Protokoll 2002), und es wurde bisher von insgesamt 192 Staaten ratifiziert (UNFCCC 2012), allerdings nicht von den USA. Ab 2013 wurde es mit einer zweiten Verpflichtungsperiode verlängert (UN 2012).

Auf europäischer Ebene wurde im Jahr 2000 das erste *European Climate Change Programme* ECCP1 (ECCP 2000) beschlossen und bis 2002 von allen EU-Staaten ratifiziert. Es dient im Wesentlichen der Umsetzung der Vorgaben des Kyoto-Protokolls in den Staaten der EU und wird seitdem in aktualisierter Form fortgeführt. Mit der *Richtlinie 2009/28/EG des Europäischen Parlaments und des Rates vom 23. April 2009* (EU Parlament 2009) werden für alle EU-Mitgliedstaaten differenzierte nationale Gesamtziele für den bis zum Jahr 2020 zu erreichenden Anteil erneuerbarer Energien am gesamten Energieverbrauch vereinbart. Diese Ziele reichen von 10 % für Malta bis 49 % für Schweden, für Deutschland ist ein nationales Ziel von 18 % vorgesehen. Der thematisch umfassendere *Energiefahrplan 2050* der EU ist in (Börner 2012) beschrieben, eine umfassende Darstellung internationaler Klimaschutzpolitik enthält (LfU Bayern 2011).

Die Umsetzung der genannten EU-Richtlinie 2009/28/EG auf nationaler Ebene erfolgt formal im *Europarechtsanpassungsgesetz Erneuerbare Energien* (EAG EE 2011) und politisch im *Nationalen Aktionsplan für erneuerbare Energie* (NAPEE 2010). Daneben stellt das *Energiekonzept der Bundesregierung* von 2010 (BMWi 2010) die aktuelle energiepolitische Rahmenvorgabe für Deutschland dar. Es enthält Leitlinien für eine umweltschonende, zuverlässige und bezahlbare Energieversorgung und beschreibt die Entwicklung und Umsetzung einer bis 2050 reichenden Gesamtstrategie. Es wurden neun Handlungsfelder definiert:

- Erneuerbare Energien als eine tragende Säule zukünftiger Energieversorgung
- Schlüsselfrage Energieeffizienz
- Kernenergie „Brückentechnologie" und fossile Kraftwerke
- Leistungsfähige Netzinfrastruktur für elektrische Energien und Integration erneuerbarer Energien

- Energetische Gebäudesanierung und energieeffizientes Bauen
- Herausforderung Mobilität
- Energieforschung für Innovationen und neue Technologien
- Energieversorgung im europäischen und internationalen Kontext
- Akzeptanz und Transparenz

Mit dem Energiekonzept werden im europa- und weltweiten Vergleich herausragende Ziele verfolgt:

- die *Emission klimaschädlicher Treibhausgase* soll gegenüber 1990 schrittweise gesenkt werden: bis 2020 um 40 %, bis 2030 um 55 %, bis 2040 um 70 % und bis 2050 um 80 % bis 95 %
- der *Primärenergieverbrauch* soll bis zum Jahr 2020 um 20 % und bis 2050 um 50 % sinken
- der *Verbrauch elektrischer Energie* soll gegenüber 2008 um 10 % bis 2020 und um 25 % bis 2050 sinken
- der *Wärmebedarf von Gebäuden* soll gegenüber 2008 um 20 % bis 2020 reduziert werden
- der *Anteil erneuerbarer Energien am Bruttoendenergieverbrauch* soll bis 2020 auf 18 %, bis 2030 auf 30 % und bis 2040 auf 45 % steigen
- der *Anteil erneuerbarer Energien am Bruttostromverbrauch* soll bis 2020 mindestens 35 %, bis 2030 mindestens 50 %, bis 2040 mindestens 65 % und bis 2050 mindestens 80 % betragen

Nach den Störfällen in japanischen Kernkraftwerken 2011 wurde die Rolle der Kernkraft von der Bundesregierung neu bewertet und der endgültige Ausstieg aus der Kernkraftnutzung zur Elektroenergieerzeugung bis zum Jahr 2022 beschlossen. Zur Ergänzung und zur Beschleunigung der Umsetzung des Energiekonzepts der Bundesregierung wurde im Juni und Juli 2011 ein Paket aus sechs Gesetzen (AtomG 2011; EEG 2012; EnWGÄndG 2011; NABEG 2011; EKFG 2011; BauGB 2011) beschlossen und damit die sogenannte *Energiewende* (BMU 2011a) eingeleitet. Deren Schwerpunkte bestehen nach (BMU 2011b) in Folgendem:

- Zügiger Ausbau der erneuerbaren Energien
- Integration der erneuerbaren Energien in das Energiegesamtsystem
- Zentraler Baustein: Windenergie
- Kosteneffizienz
- Ausbau der Elektroenergienetze
- Intelligente Elektroenergienetze und Speicher

- Umbau des fossilen Kraftwerksparks
- Energieeffiziente Gebäude
- Effiziente Beschaffung
- Europäische Initiativen für Energieeffizienz
- Monitoring

Zu erkennen ist der Fokus auf den *Einsatz erneuerbarer Primärenergieträger* und *Energieeffizienz* verbunden mit einer intelligenten Entwicklung der Elektroenergienetze. Wesentliche gesetzliche Grundlagen im Hinblick auf Elektroenergieerzeugung und Netzeinspeisung bilden dafür in Deutschland das *Gesetz für den Vorrang Erneuerbarer Energien* und das *Gesetz für die Erhaltung, die Modernisierung und den Ausbau der Kraft-Wärme-Kopplung*. Sie werden im Folgenden vorgestellt.

Gesetz für den Vorrang Erneuerbarer Energien – EEG

2

2.1 Ziele und Entwicklung

Das *EEG* (Kurztitel: Erneuerbare-Energien-Gesetz) fördert die Erzeugung elektrischer Energie aus erneuerbaren Energiequellen. Die erzeugte Elektroenergie muss vom Betreiber eines geeigneten Netzes der allgemeinen Versorgung, dem abnahme- und vergütungspflichtigen Netzbetreiber (avNB), vorrangig vor anderen einspeisenden oder abnehmenden Anlagen aufgenommen werden. Das Gesetz trat im Jahr 2000 erstmalig in Kraft (EEG 2000) und wurde 2014 letztmalig maßgeblich geändert (EEG 2014).

Die Förderung der Elektroenergieerzeugung ist im EEG auf zwei grundsätzlichen Wegen möglich. Zum einen über die Inanspruchnahme von *Vergütungen* für die überlassene Elektroenergie und zum anderen durch über Prämien unterstützte *Direktvermarktung*. Der Anlagenbetreiber kann die für ihn günstigste Form der Förderung auch anteilig wählen und kalendermonatlich unter Einhaltung einer Ankündigungsfrist zu Beginn des jeweils übernächsten Kalendermonats ändern.

Dieses Förderprinzip bietet Anlagenbetreibern und Kapitalgebern Planungs- und Investitionssicherheit und führt zu einem hinsichtlich der Art der genutzten regenerativen Energieträger steuerbaren, hohen Zubau von Erzeugungsanlagen. Die sichere Nachfrage wiederum begünstigt die Entwicklung der Herstellerindustrie. Das Prinzip der Förderung über feste Vergütungen bzw. Prämien hat sich international durchgesetzt und wurde weltweit in vergleichbarer Form in über 60 Staaten eingeführt (REPN 2011).

Ein alternatives Modell besteht in der Quotenförderung, bei der Energieversorger einen bestimmten Anteil der von ihnen verkauften elektrischen Energiemenge

© Springer Fachmedien Wiesbaden 2014
J. Scheffler, *Die gesetzliche Basis und Förderinstrumente der Energiewende*,
essentials, DOI 10.1007/978-3-658-07554-5_2

über den Markt für elektrische Energie aus erneuerbaren Quellen beziehen müssen. Dieses Modell wurde in unter anderem in Großbritannien angewandt (Schwarz et al. 2008) und auch für die Nutzung in Deutschland vorgeschlagen (RWI 2012). Eine kompakte Bewertung beider Modelle und ihrer möglichen Kombinationen für Europa gibt (Behling 2013).

Das deutsche EEG verfolgt nach seiner letztmaligen maßgeblichen Änderung (EEG 2014) folgende *Ziele*:

- das Ermöglichen einer nachhaltigen Entwicklung der Energieversorgung insbesondere im Interesse des Klima- und Umweltschutzes
- die Verringerung der volkswirtschaftlichen Kosten der Energieversorgung auch durch die Einbeziehung langfristiger externer Effekte
- die Schonung fossiler Energieressourcen
- die Förderung der Weiterentwicklung von Technologien zur Erzeugung von Elektroenergie aus erneuerbaren Energien
- die Erhöhung des Anteils erneuerbarer Energien an der Elektroenergieversorgung mindestens auf
  - 40 bis 45 % bis zum Jahr 2025,
  - 55 bis 60 % bis zum Jahr 2035 und
  - mindestens 80 % bis zum Jahr 2050

einschließlich der Integration dieser Energiemengen in das Elektroenergieversorgungssystem.

Vom Gesetz erfasst werden Anlagen zur Nutzung von solarer Strahlungsenergie (in Deutschland praktisch ausschließlich Photovoltaik), Windenergie, Biomasse, Wasserkraft, Deponiegas, Klär- und Grubengas sowie Geothermie.

Bis auf wenige Ausnahmen werden EEG-Anlagen aus wirtschaftlichen Gesichtspunkten errichtet und betrieben. Die zu erwartende Rentabilität bestimmt wesentlich den Standort und die Leistung und damit auch die Ausführung der Netzanbindung einer EEG-Anlage. Die von den Anlageneigentümern erzielbaren Einnahmen für gelieferte Elektroenergie sind die entscheidenden Triebfedern des Gesetzes.

In seiner *Entwicklung* spiegelt das Gesetz die jeweiligen Anforderungen und das fachliche Umfeld besonders im Hinblick auf Netzbetreiber wider.

Das *Stromeinspeisungsgesetz* von 1990 (StromEinspG 1990) trat am 1. Januar 1991 als Vorläufer des EEG in Kraft und bestand aus lediglich fünf Paragraphen. Es verpflichtete Netzbetreiber zur Abnahme der erzeugten Elektroenergie und zur Zahlung einer prozentual an den Durchschnittserlös aus der Elektroenergieabgabe an Letztverbraucher gekoppelten Vergütung. Die Vergütung war für Windenergie und solare Strahlungsenergie gleich und führte zu einem Boom der Windenergienutzung. Als Konsequenz daraus wurde 1996 die Höhe der Zahlungsverpflichtungen der Netzbetreiber auf 5 % der von ihnen selbst erzeugten oder bezogenen Menge elektrischer Energie begrenzt.

Am 1. April 2000 trat das *Erneuerbare-Energien-Gesetz* (EEG 2000) in Kraft und ersetzte das Stromeinspeisungsgesetz. Geothermisch erzeugte Elektroenergie wurde in die Förderung einbezogen und die Vergütung wurde nach Technologie und Anlagenleistung mit Bevorzugung kleinerer Anlagen differenziert. Weitere wesentliche Änderungen betrafen:

- erweiterte Pflichten der Netzbetreiber: Netzanschlusspflicht, unverzüglicher *Netzausbau* und Offenlegung der Netzdaten
- Einführung der *bundesweiten Ausgleichregelung* zur Umlage der gezahlten Vergütungen als Pflicht der Übertragungsnetzbetreiber
- Klärung der grundsätzlichen Tragung von *Netzanschlusskosten* durch den Anlagenbetreiber sowie von *Netzausbaukosten* durch den Netzbetreiber und Einrichtung einer *Clearingstelle EEG*
- Einführung der für 20 Jahre und dem Jahr der Inbetriebnahme gezahlten Vergütungen, deren jährlicher Degression für Wind- und solare Strahlungsenergie und weitere Differenzierung der Vergütungen

Das Gesetz erfuhr zum Jahreswechsel 2003/2004 eine Änderung, bei der die Förderung der solaren Strahlungsenergie nach dem Auslaufen des *100.000-Dächer-Programms* angepasst wurde.

Am 1. August 2004 trat die novellierte Fassung des EEG 2004 (EEG 2004) in Kraft. Neben der notwendigen Anpassung an EU-Recht (an die Richtlinie 2001/77/ EG als Vorläufer des unter (EU Parlament 2009) genannten Dokumentes) betraf die Novellierung

- die Festsetzung eines bestehenden Netzanschlusses als günstigster Verknüpfungspunkt für Anlagen mit bis zu insgesamt 30 kW installierter Leistung auf einem Grundstück
- eine weitere Differenzierung der Vergütungen und die Einführung einer Degressionen für Biomasseanlagen
- die Einführung einer Regelung für das Repowering von Windkraftanlagen (endgültiger Ersatz von Windkraftanlagen, die bis zum 31.5.1995 in Betrieb genommen wurden durch Neuanlagen mit mindestens dreifacher Leistung im selben Landkreis, (Möhring 2010))
- die Verbesserung der juristischen Stellung der Anlagenbetreiber gegenüber den Netzbetreibern unter anderem durch den Wegfall der Vertragspflicht

- die Einführung weiterer Mechanismen im Bereich der Elektroenergienetze: eine besondere Ausgleichsregelung für energieintensive Unternehmen, ein Herkunftsnachweis sowie ein Doppelvermarktungsverbot für erzeugte Elektroenergie
- die gesetzliche Grundlage für die Einführung eines bundesweiten Anlagenregisters mit Vergütungsentfall bei nicht erfolgter Eintragung

Die Wirksamkeit des Gesetzes wurde in einem 2007 vorgelegten Erfahrungsbericht mit einer auf dem Energieversorgungssektor bis dahin unbekanntem Maß an Transparenz dokumentiert.

Mit der Überarbeitung im Jahr 2008 trat zum 01.01.2009 eine Neufassung des EEG (EEG 2009) in Kraft. Es wurde ergänzt durch das *Gesetz zur Förderung Erneuerbarer Energien im Wärmebereich* (EEWärmeG 2008). Die Zielstellung des EEG zur Erhöhung des Anteils erneuerbarer Energien an der Elektroenergieversorgung bis zum Jahr 2020 wurde von 20 auf 30 % heraufgesetzt. Der erheblich gestiegene Einsatz erneuerbarer Energien – der nun zeitweise zu deutlichen Senkungen der Börsenpreise für Elektroenergie führte – erforderte eine deutlich gesteigerte Regelungstiefe. Die Zahl der Paragraphen verdreifachte sich auf 66 zuzüglich einer Reihe von Anlagen. Zu den damit erstmalig geltenden Regularien zählen:

- die Verpflichtung der Netzbetreiber, Netze unverzüglich entsprechend dem Stand der Technik zu optimieren, zu verstärken und auszubauen, um die Abnahme, Übertragung und Verteilung der nach EEG erzeugten Elektroenergie zu sichern.
- die Einführung eines umfassenden Einspeisemanagements mit Entschädigungsansprüchen für die Anlagenbetreiber; es gilt für alle Anlagen mit einer installierten Leistung von über 100 kW und beinhaltet auch den Abruf der aktuellen Ist-Einspeisung
- Erweiterung der Vergütungsmechanismen: Option der Direktvermarktung der erzeugten Elektroenergie, Einführung von Zubau abhängigen Degressionen für Anlagen zur Nutzung solarer Strahlungsenergie
- die erstmalige Einführung von eines Bonus für Systemdienstleistungen und damit für rein netztechnische Belange
- Erweiterung der Regelungen für das Repowering von Windkraftanlagen: Inbetriebnahme der Neuanlage mindestens 10 Jahre nach Inbetriebnahme der Altanlage, Erweiterung der möglichen Standorte der Neuanlage auf angrenzende Landkreise, Erweiterung der Bandbreite der Leistung der Neuanlage auf das Doppelte bis Fünffache der Altanlage
- die deutliche Erweiterung der Verordnungsermächtigungen des Bundestages besonders zu netztechnisch verursachten Belangen; damit wurde im EEG erstmalig die Erfüllung netztechnischer Richtlinien verankert.

Das Gesetz erfuhr in den beiden Folgejahren sieben Änderungen, die in der Internetpräsenz der *Clearingstelle EEG* detailliert nachvollzogen werden können. Die Empfehlungen des *EEG-Erfahrungsberichts 2011* (Bundesregierung 2011) und weitere umfangreiche Änderungen des Gesetzes Mitte des Jahres 2011 führen auf das *EEG 2012* (EEG 2012), das zu Beginn des Jahres 2012 in Kraft trat. Im Vergleich zur Erstfassung des EEG 2009 wurden in das nun geltende Gesetz folgende wesentliche Regelungen aufgenommen bzw. überarbeitet:

- Differenzierung des Leistungsbegriffs in „Bemessungsleistung" und „installierte Leistung"
- Verpflichtung des Netzbetreibers, dem Einspeisewilligen unverzüglich nach Eingang eines Netzanschlussbegehrens einen detaillierten Zeitplan der Antragsbearbeitung zu übermitteln
- Ausdehnung der Pflicht zur Teilnahme am Einspeisemanagement auf alle Photovoltaikanlagen. Anlagen mit installierten Leistungen bis 30 kW können alternativ die Wirkleistungseinspeisung auf max. 70 % der installierten Leistung begrenzen. Der Anlagenbegriff wurde für diesen Zweck neu gefasst.
- Biogasanlagen sind mit zusätzlichen Gasverbrauchseinrichtungen auszustatten, um – vor allem bei ungeplantem Anlagenstillstand bei Aufruf des Einspeisemanagements – kein Biogas freizusetzen.
- Entfall des Vergütungsanspruchs bei Verstößen gegen technische Vorgaben
- Rechtliche Gleichstellung von Anlagen nach diesem Gesetz und von Anlagen nach KWKG hinsichtlich Abnahme, Übertragung und Verteilung der elektrischen Energie
- Erweiterung des Anspruches der Anlagenbetreiber auf Netzoptimierung, -verstärkung und -ausbau vorgelagerter Netze bis einschließlich 110 kV Nennspannung
- Erweiterung der Fördervarianten unter anderem die Einführung verschiedener Formen der *Direktvermarktung* einschließlich dafür vorgesehener Markt- und Flexibilitätsprämien als Alternative zur Vergütung
- Einführung der *Ausgleichsmechanismusverordnung* (AusglMechV 2009) zur Bestimmung der EEG-Umlage
- deutliche Erweiterung der Begrenzung der durch stromintensive Unternehmen und Schienenbahnen zu tragenden EEG-Umlage
- Einführung einer Stromkennzeichnung entsprechend der EEG-Umlage und eines *Herkunftsnachweisregisters* für Elektroenergie aus erneuerbaren Energien, zu Grundsätzen siehe (Mohrbach 2013), zur informationstechnischen Umsetzung siehe (Korb 2013); Herkunftsnachweise werden inzwischen an der Börse gehandelt

- Neugestaltung der teilweisen oder ganzen Befreiung der Netzbetreiber von der Zahlung der EEG-Umlage (Grünstromprivileg)
- Erhöhung der Aufgaben und Kompetenzen der Bundesnetzagentur und der Clearingstelle EEG
- Erweiterung der Verordnungsermächtigungen der Bundesregierung oder einzelner Ministerien

Zur Steuerung des Umfangs des Zubaus und aufgrund technischer Erfordernisse wurde das EEG 2012 bereits im August 2012 rückwirkend durch das „Gesetz zur Änderung des Rechtsrahmens für Strom aus solarer Strahlungsenergie und zu weiteren Änderungen im Recht der erneuerbaren Energien" (SolarFördÄndG 2012) angepasst. Die Änderungen im Rahmen der sogenannten „PV-Novelle" betreffen ausschließlich Anlagen zur Elektroenergieerzeugung aus solarer Strahlungsenergie und umfassen folgende wesentliche Neuregelungen:

- Neue Abstufung der Vergütungsklassen für Dachanlagen: bis 10 kW, bis 40 kW, bis 1 MW und bis 10 MW installierter Anlagenleistung
- Entfall der Vergütung für Anlagen mit installierter Anlagenleistung über 10 MW (einschließlich einer Regelung zum missbräuchlichen Splitten von Anlagenüber dieser Leistungsgrenze)
- Einmaliges Absenken der Vergütung um 15 % und zusätzliche monatliche Degression von 1 %
- Festsetzung eines jährlichen Zubauziels von 2,5–3,5 GW sowie Erhöhung oder Absenkung der Degression in Abhängigkeit des Zubaus
- Reduzierung des Anteils der über Vergütung veräußerbaren elektrischen Arbeit auf 90 % der insgesamt erzeugten elektrischen Arbeit für Anlagen mit installierten Leistungen von 10 kW bis 1 MW. Die nicht vergütete Arbeit kann selbst verbraucht oder direkt vermarktet werden
- Engere Fassung des Begriffs der „Inbetriebnahme": Erst die bestimmungsgemäße Erzeugung elektrischer Energie einschließlich ihrer Umwandlung in einem Wechselrichter gilt als Inbetriebnahme
- Regelung der Kostenaufteilung zur Nachrüstung bestehender Anlagen nach (SysStabV 2012) um eine gestaffelte Netztrennung besonders bei Überfrequenz zu gewährleisten.

Vor allem unter dem Druck der stark gestiegenen EEG-Umlage (die zwischen den Jahren 2010 und 2014 auf mehr als das Dreifache stieg) bestand bereits im Jahr 2013 erneut Handlungsbedarf zur Reform des EEG. Zur Umsetzung der im Koalitionsvertrag der 18. Legislaturperiode vereinbarten Vorgaben wurde im April 2014 ein Gesetzesentwurf durch das Bundeskabinett beschlossen (Bund 2014). Nach Durchlaufen des Gesetzgebungsverfahrens trat es im August 2014 in Kraft (EEG 2014). Es enthält folgende wesentliche Neuregelungen:

Erweiterung der Festlegung zu jährlichen Zubauzielen   Die im EEG 2012 erstmals eingeführte Praxis wird auf weitere Technologien erneuerbarer Energien ausgeweitet. Im Einzelnen sind jährliche Vorgaben für die Zunahme der installierten Anlagenleistung in Höhe von

- 2.500 MW für Anlagen zur Nutzung solarer Strahlungsenergie,
- 2.500 MW für Anlagen zur Nutzung Windenergie an Land und
- 100 MW für Anlagen zur Nutzung von Biomasse

festgelegt. Der Zubau in einem Betrachtungszeitraum (meist ein Quartal) bestimmt die Höhe der Degression für Anlagen, die später (meist im Folgejahr) in Betrieb genommen werden.
   Die Vorgaben für solare Strahlungsenergie und für Biomasse verstehen sich für neu in Betrieb genommene Anlagen. Der Wert für Windenergie berücksichtigt die installierte Leistung im gleichen Zeitraum stillgelegter Anlagen. Für Anlagen zur Nutzung der Wasserkraft und geothermische Anlagen werden keine Vorgaben getroffen. Auch zur Nutzung der Windenergie im Offshore-Bereich sind Zielvorgaben formuliert.

Marktintegration erneuerbarer Energien   Es wird stufenweise eine Verpflichtung zur Direktvermarktung eingeführt. Sie betrifft alle Neuanlagen ab einer Leistung von

- 500 kW ab Inkrafttreten des Gesetzes,
- 250 kW ab 2016 und
- 100 kW ab 2017.

Diese Anlagen müssen durch den Direktvermarkter oder den Bezieher der vermarkteten Elektroenergie fern steuerbar sein.
   Die Direktvermarktung zu Nutzung des Grünstromprivilegs wird abgeschafft und die Struktur der Prämien in der Direktvermarktung vereinfacht.

Einbeziehung der elektrischen Eigenversorgung in die EEG-Umlage   Auf 40 % der zur Eigenversorgung auf Basis erneuerbaren Energien oder mit hocheffizienten KWK-Anlagen selbst erzeugten Elektroenergie wird schrittweise die EEG-Umlage erhoben. Bestehende Anlage und sind von der Regelung nicht betroffen. Für Kleinstanlagen ist eine Bagatellgrenze vorgesehen.

Absenkungen der Vergütungen je nach Erzeugungstechnologie und Entfall verschiedener Boni und Prämien. Ab 2017 wird die Vergütung für Freiflächenanlagen zur Nutzung solarer Strahlungsenergie über Ausschreibungen ermittelt.

Einführung eines Anlagenregisters nach (AnlRegV 2014) für alle Anlagen zur Erzeugung von Elektroenergie aus erneuerbaren Energien oder aus Grubengas. Der enthaltene Datenumfang übersteigt den Umfang des mit EEG 2012 eingeführten Photovoltaik-Meldeportals und entspricht in etwa dem Umfang des Gesamtanlagenregisters (BNetzA 2014b) bei der Bundesnetzagentur.

Kritik am neuen EEG kam vorwiegend von Vertretern der künftig schwächer geförderten Technologien. Das betrifft Anlagen zur Nutzung von Biomasse aufgrund des stark verringerten Zubaukorridors. Die Einbeziehung der elektrischen Eigenversorgung in die EEG-Umlage trifft vor allem gewerbliche und landwirtschaftliche Unternehmen, die Anlagen zur Nutzung solarer Strahlungsenergie einsetzen.

Einzelne Elemente des Gesetzes – besonders solche mit Bezug zum Netz – werden im Anschluss beschrieben.

Der *Bundesverband der Energie- und Wasserwirtschaft e. V.* (BDEW) stellt eine umfangreiche *Umsetzungshilfe zum EEG* (BDEW 2013b) zur Verfügung.

2.2 Kosten und Ausgleichsmechanismus

Finanzielle Förderung über die Zahlung einer Vergütung Diese Form der finanziellen Förderung wird seit dem erstmaligen Inkrafttreten des EEG im Jahr 2000 praktiziert. Sie stellt seitdem für alle Kalenderjahre den größten Anteil am gesamten Fördervolumen des Gesetzes.

Der hier verwendete Begriff „Vergütung" entstammt dem EEG 2012, synonym dazu verwendet werden die Begriffe „Einspeisevergütung" (EEG 2014) und „Festpreisvergütung nach EEG" (r2b energy consulting 2013).

Das EEG garantiert auf diesem Weg den Erzeugern für eine Laufzeit von 20 Kalenderjahren und dem anteiligen Jahr der Inbetriebnahme eine *Vergütung* nach festen Sätzen. Die Höhe der Vergütung sinkt jährlich bzw. monatlich. Die zum Zeitpunkt der Inbetriebnahme geltende Vergütung wird über die gesamte Förderdauer in gleicher Höhe gewährt.

In Abb. 2.1 ist die Entwicklung zweier typischer Vergütungen und des Hauhaltstrompreises seit 1998 zu sehen.

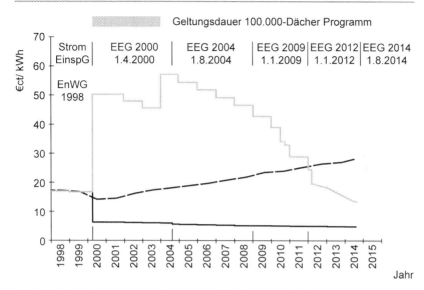

Abb. 2.1 Entwicklung der Vergütung nach EEG für solare Strahlungsenergie (*grau*) am Beispiel einer auf Dach installierten PV-Anlage mit 5 kW Leistung und der Grundvergütung für Windkraft onshore (*schwarz*); zum Vergleich durchschnittlicher Preis für elektrische Energie eines Dreipersonenhaushalt mit einem Jahresverbrauch von 3500 kWh (*gestrichelt*). (BDEW 2013a)

In den Jahren der Geltung des Stromeinspeisungsgesetzes war die noch weitgehend undifferenzierte Vergütung prozentual an die Durchschnittserlöse der Elektroenergieabgabe von Elektrizitätsversorgungsunternehmen an alle Letztverbraucher gekoppelt.

Die Preise elektrischer Energie für Haushalte erfuhren danach die durch die Liberalisierung der Energiemärkte gewünschte Absenkung, die sich jedoch nach einer kurzen Phase der Marktbereinigung dauerhaft in das Gegenteil umkehrte. Für die Vergütungen ist seit dem Inkrafttreten des EEG eine stufenweise Reduktion zu erkennen, bei Anlagen zur Nutzung solarer Strahlungsenergie unter Einbeziehung der Förderung des *100.00-Dächer-Programmes*. Die Fördersätze sind unter Einbeziehung der aktuellen Anlagenkosten überschlägig so ausgelegt, dass nach etwa 15-jährigem versichertem und gewartetem Betrieb der Anlagen an guten Standorten die kumulierten Einnahmen die Höhe der kumulierten Kosten erreichen.

In die Vergütung nach EEG fließen je nach genutztem Energieträger eine Reihe von Faktoren ein. Sie sind für das EEG 2012 und das EEG 2014 in Tab. 2.1 enthalten.

Tab. 2.1 Die Vergütung beeinflussende Faktoren nach EEG 2012 (X) und EEG 2014 (O) für verschiedene Energieträger

Vergütungs relevante Faktoren	Solare Strahlungsenergie	Windkraft onshore	Wasserkraft	Biomasse	Klär-, Deponie-, Grubengas
installierte Leistung der Anlage	XO	–	–	–	–
Bemessungsleistung der Anlage	–	–	XO	XO	XO
Jahresertrag der Anlagen[a]	–	XO	–	–	–
Zubauleistung in Deutschland	XO	O	–	O	–
Ort und Art der Aufstellung	XO	–	–	–	–
Spezifik des Einsatzstoffes	–	–	–	X	–

[a] WKA mit einer Bemessungsleistung von bis zu 50 kW erhalten für 20 Jahre die erhöhte Anfangsvergütung

Für Anlagen zur Nutzung solarer Strahlungsenergie ist die Vergütung von der installierten Leistung (maximale dauerhaft abgebbare Wirkleistung), der Art und dem Ort der Aufstellung (zum Beispiel im Freiland, im Außenbereich, verbunden mit einem Gebäude) und der Zubauleistung in einem zurückliegenden Zeitraum von 7 bzw. 12 Monaten abhängig. Die geltenden Vergütungen werden von der Bundesnetzagentur auf Basis der Anlagenstammdaten ermittelt und für jeden Kalendermonat im Bundesanzeiger sowie auf der Internetpräsenz der Bundesnetzagentur veröffentlicht (BNetzA 2014a).

Für Anlagen zur Nutzung von Wasserkraft, Biomasse oder Klär-, Deponie- oder Grubengas ist die Bemessungsleistung Grundlage zur Ermittlung der anzuwendenden Vergütung. Die *Bemessungsleistung* ist – bei Betrieb im gesamten Kalenderjahr – der Quotient aus der Summe der in einem Kalenderjahr erzeugten Kilowattstunden und der Summe der vollen Zeitstunden dieses Kalenderjahres. Für Biomasse ist zusätzlich die Spezifik der genutzten Einsatzstoffe relevant. Diese erhöhte Förderung für bestimmte Einsatzstoffe entfällt für neue, nach EEG 2014 vergütete Anlagen.

Die Vergütung für Windkraftanlagen ist grundsätzlich nicht von einer Leistung der Anlage abhängig. Gezahlt wird zunächst für 5 Jahre eine erhöhte Anfangsvergütung und im Anschluss eine deutlich verringerte Grundvergütung. In Abhängigkeit des Anlagenertrag bezogen auf einen Referenzwert wird die Zeitdauer der Zahlung der erhöhten Anfangsvergütung verlängert. Unterschreitet der Anlagenertrag allerdings einen Mindestanteil des Referenzertrages, besteht kein Vergütungsanspruch. Mit dieser Regelung soll die wirtschaftliche Attraktivität von nicht windexponierten Standorten gestärkt werden. Eine Ausnahme bilden Anlagen mit installierten Leistungen bis 50 kW, für die über den gesamten Förderzeitraum die erhöhte Anfangsvergütung gezahlt wird.

In das EEG 2014 neu aufgenommen als vergütungsrelevanter Faktor für Biomasseanlagen und Windkraftanlagen im Binnenland ist die jährliche Vorgabe für die Zunahme der installierten Anlagenleistung.

Durch die vergütungsrelevanten Faktoren, weitere Boni und Jahre der Inbetriebnahme ergeben sich für laufende Anlagen mehrere Tausend mögliche Vergütungskategorien. Dies stellt die für die Ermittlung der zu zahlenden Beträge zuständigen Netzbetreiber vor enorme Herausforderungen. In (Netztransparenz 2014b) sind alle aktuell relevanten Kategorien der Vergütung enthalten.

Das folgende Beispiel zeigt in Anlehnung an (Netztransparenz 2014b) die Ermittlung der jährlichen Vergütung für die erzeugte Elektroenergie einer Photovoltaikanlage.

Beispiel

Berechnung der jährlichen Vergütung einer Photovoltaikanlage, Nennleistung: 200 kW, Inbetriebnahme: August 2010, jährlich erzeugte elektrische Energie: 180.000 kWh, davon Eigenverbrauch: 100.000 kWh

1. Aufteilung auf die Leistungszonen entsprechend der installierten Leistung Der *Leistungszone 0–30 kW* werden 30/200 = 15 % der erzeugten und selbstverbrauchten Elektroenergiemenge zugerechnet:

Gesamterzeugung:	27.000 kWh
Selbstverbrauch:	15.000 kWh
davon bis 30 % Gesamterzeugung:	8100 kWh
über 30 % Gesamterzeugung:	6900 kWh
Einspeisung ins Netz:	12.000 kWh

Der *Leistungszone 30–100 kW* werden 70/200 = 35 % der erzeugten und selbstverbrauchten Elektroenergiemenge zugerechnet:

Gesamterzeugung:	63.000 kWh
Selbstverbrauch:	35.000 kWh
davon bis 30 % Gesamterzeugung:	18.900 kWh
über 30 % Gesamterzeugung:	16.100 kWh
Einspeisung ins Netz:	28.000 kWh

Der *Leistungszone 100–1000 kW* werden 100/200 = 50 % der erzeugten und selbstverbrauchten Elektroenergiemenge zugerechnet:

Gesamterzeugung:	90.000 kWh
Selbstverbrauch:	50.000 kWh
davon bis 30 % Gesamterzeugung:	27.000 kWh
über 30 % Gesamterzeugung:	23.000 kWh
Einspeisung ins Netz:	40.000 kWh

2. Ermittlung der Gesamtvergütungen der einzelnen Kategorien

Vergütungskategorie	Vergütung in ct/kWh	Menge der Kategorie in kWh	Vergütung in €
0–30 kW	34,05	12.000	4.086,00
0–30 kW, Eigenverbrauch	34,05	15.000	5.107,50
0–30 kW, Rückvergütung für Eigenverbrauch ≤30 %	16,38	−8100	−1.326,78
0–30 kW, Rückvergütung für Eigenverbrauch ≥30 %	12,00	−6900	−828,00
30–100 kW	32,39	28.000	9.069,20
30–100 kW, Eigenverbrauch	32,39	35.000	11.336,50
30–100 kW, Rückvergütung für Eigenverbrauch ≤30 %	16,38	−18.900	−3.095,82
30–100 kW, Rückvergütung für Eigenverbrauch >30 %	12,00	−16.100	−1.932,00
100 kW–1MW	30,65	40.000	12.260,00
100–500 kW, Eigenverbrauch	30,65	50.000	15.325,00
100–500 kW, Rückvergütung für Eigenverbrauch ≤30 %	16,38	−27.000	−4.422,60
100–500 kW, Rückvergütung für Eigenverbrauch >30 %	12,00	−23.000	−2.760,00

Die Gesamtvergütung als Summe der Vergütungen beträgt demnach 42.819 €. Zu dieser Summe wird die Mehrwertsteuer in Höhe von derzeit 19 % hinzugerechnet und damit vom Netz- an den Anlagenbetreiber eine jährliche Summe von 50.954,61 € gezahlt.

Grundlage für die Berechnung der vermiedenen Netzentgelte bildet die tatsächlich ins Netz eingespeiste Elektroenergiemenge von hier 80.000 kWh.

In Abb. 2.2 sind die in Deutschland in den Jahren 2000 bis 2013 gezahlten Vergütungen für von EEG-Anlagen erzeugte Elektroenergie gezeigt.

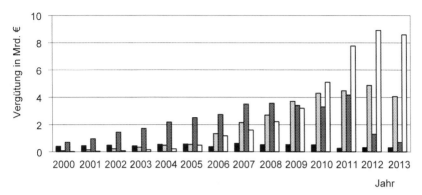

Abb. 2.2 Nach EEG gezahlte Vergütungen für die Jahre 2000 bis 2013, *weiß*: solare Strahlungsenergie, hellgrau: Biomasse, dunkelgrau: Windkraft onshore, *schwarz:* Wasserkraft, Deponie-, Gruben- und Klärgas, Daten nach (Netztransparenz 2014a)

Zu erkennen ist die zeitverschobene Dominanz jeweils einer Anlagentechnik, beginnend mit Windkraftanlagen bis etwa 2008, gefolgt von Biomasse 2009 und der solaren Strahlungsenergie seit 2010. Die im Folgenden beschriebene Direktvermarktung stellt für eine steigende Anlagenzahl die wirtschaftlichere Variante der Förderung dar.

Prinzipien und Kosten der Förderung über die Direktvermarktung Parallel zur Förderung über Vergütungen wurde mit dem EEG 2009 die Möglichkeit einer finanziell geförderten Direktvermarktung gesetzlich verankert. Dabei veräußert der Anlagenbetreiber die erzeugte Elektroenergie mithilfe der Durchleitung durch ein Netz der öffentlichen Versorgung an Dritte. Auch Netzbetreiber können die Elektroenergie erwerben. Der dabei vereinbarte Preis wird sich an Marktpreisen orientieren und damit unter den Vergütungen nach EEG liegen. Über Prämienzahlungen an Anlagenbetreiber wird die entstehende Differenz berücksichtigt. Die Prämien werden vom avNB kalendermonatlich rückwirkend gezahlt und fließen in die Ermittlung der EEG-Umlage ein. Bei den gezahlten Prämien handelt es sich um nicht umsatzsteuerbare Zuschüsse (BMF 2012b).

Diese Vermarktungsvariante wurde im EEG 2012 deutlich ausgebaut und ist im EEG 2014 für eine Reihe von Anlagentechnologien und -leistungen vorgeschrieben. Sie ist derzeit als

- Direktvermarktung zur Inanspruchnahme von Prämien,
- sonstige Direktvermarktung

möglich.

Bei der *Direktvermarktung zu Inanspruchnahme von Prämien* nach dem *Markt-prämienmodell* schließt der Anlagenbetreiber mit einem Dritten, meist einem Direktvermarktungsunternehmen, einen Vertrag zur Lieferung von Elektroenergie ab. Damit tauscht er seinen gesetzlich abgesicherten Anspruch auf Vergütung gegen einen vertraglichen Anspruch an eine meist haftungsbegrenzte Gesellschaft. Die Absicherung des Anlagenbetreibers erfolgt in der Regel über eine Bürgschaft einer inländischen Bank in Höhe der durchschnittlich in drei Monaten zu erwartenden Zahlungen. Die Bürgschaft sollte vor dem Wechsel in die Direktvermarktung abgeschlossen werden und in ihrer Laufzeit dem Vertrag entsprechen. Für Anlagen mit verpflichtender Direktvermarktung nach EEG 2014 ist für den Fall der Insolvenz des Direktvermarkters im Gesetz eine vorübergehende *Ausfallvermarktung* durch den ÜNB mit reduzierten Zahlungen vorgesehen.

Die im Rahmen des Liefervertrages eingespeiste Elektroenergie wird dem Anlagenbetreiber vom Stromhändler mit dem beim Verkauf erzielten Marktpreis oder einen vertraglich vereinbarten Preis vergütet.

Zusätzlich zum erzielten Marktpreis erhält der Anlagenbetreiber, meist über den Vermarkter, vom avNB eine *Marktprämie(MP)*. Deren Höhe wird kalendermonatlich rückwirkend als Differenz eines *Anzulegenden Wertes (AW)* und eines *Monatsmarktwertes (MW)* berechnet. Der anzulegende Wert stellt die jeweilig zutreffende Vergütung dar.

Monatsmarktwerte sind tatsächliche Monatsmittelwerte für Elektroenergie am Spotmarkt der Strombörse EPEX Spot SE in Paris für die Preiszone Deutschland/ Österreich in ct/kWh. Bei Windenergie wird der Marktwert von Elektroenergie aus Windenergieanlagen und bei solarer Strahlungsenergie der Marktwert elektrischer Energie aus Anlagen zur Nutzung solarer Strahlungsenergie herangezogen. Für alle anderen durch das EEG geförderten Technologien ergibt sich der Monatsmarktwert analog aus dem tatsächlichen Monatsmittelwert der Stundenkontrakte am Spotmarkt der Strombörse (EEG 2014).

Der unternehmerische Anreiz für das Direktvermarktungsunternehmen besteht darin, beim Verkauf der Elektroenergie mehr als den Monatsmarktwert zu erlösen.

Voraussetzung für die Zahlung der Marktprämie ist unter anderem die Fernsteuerbarkeit der Anlage. Bestehende Anlagen sind bis 2015 nachzurüsten.

Die in der Geltungsdauer des EEG 2012 nach der Managementprämienverordnung (MaPrV 2012) gezahlte *Managementprämie* wurde ebenfalls vom avNB an den Anlagenbetreiber gezahlt. Sie deckte die Aufwendungen und das kaufmännische Risiko der Vermarktung der Elektroenergie. In ihrer Höhe war sie abhängig von der genutzten Energieart. Fernsteuerbare Anlagen erhielten eine höhere Managementprämie.

Die Managementprämie entfällt im EEG 2014 in dieser Form und ist mit gleicher Zielstellung in die Höhe des anzulegenden Wertes (AW) beziehungsweise der Vergütung eingeflossen.

Kann der Betreiber einer nach EEG geförderten Anlage bedarfsorientiert elektrische Energie bereitstellen, hat er Anspruch auf finanzielle Förderung der Flexibilität.

Diese praktisch nur für Biogasanlagen relevante Förderung erfolgt für bereits nach dem EEG 2012 betriebene Anlagen als *Flexibilitätsprämie* und für im Geltungszeitraum des EEG 2014 in Betrieb genommene Anlagen als *Flexibilitätszuschlag*.

Die *Flexibilitätsprämie* wird für eine Dauer von zehn Jahren gezahlt. Die Zahlung dieser Prämie ist an Bedingungen geknüpft:

- uneingeschränkte Förderfähigkeit der Anlage nach EEG und finanzielle Förderung über Direktvermarktung
- Mitteilung der Inanspruchnahme des Zuschlages vorab beim avNB und bei der Bundesnetzagentur
- eine Bemessungsleistung vom mindestens 0,2fachen der installierten elektrischen Leistung der Anlage; damit wird eine Mindestauslastung entsprechend von 1752 Vollaststunden im Jahr gewährleistet

Gefördert wird die zusätzliche installierte Leistung P_{Zusatz}. Deren Höhe bestimmt sich nach der Gleichung

$$P_{Zusatz} = P_{inst} - (f_{Kor} \cdot P_{Bem})$$

als Differenz der korrigierten Bemessungsleistung P_{Bem} und der installierten Leistung P_{inst}. Der Korrekturfaktor f_{Kor} beträgt 1,6 für Biomethan und 1,1 für sonstiges Biogas. Die maximale zusätzliche installierte Leistung beträgt das 0,5fache der installierten elektrischen Leistung der Anlage.

Der *Flexibilitätszuschlag* ist in seiner Berechnung vereinfacht. Er wird bei Anlagen mit einer installierten elektrischen Mindestleistung von 100 kW als fester Zuschlag auf die gesamte installierte Leistung und für die gesamte Förderdauer nach EEG gezahlt. Eine Inanspruchnahme des Zuschlages ist ausnahmsweise auch für durch Vergütung geförderte Anlagen möglich. Die Ausnahmen bestehen in der vorübergehenden *Ausfallvermarktung* und für in der Übergangszeit bis 2017 in Betrieb genommenen Anlagen ohne Verpflichtung zur Direktvermarktung.

Beim bedarfsorientierten Betrieb erzeugen Biogasanlagen die im Anschluss eingespeiste Elektroenergie nach einem vorab vereinbarten Fahrplan. Dieser gibt die zu erzeugende Leistung für jeweils mindestens 15 min vor. Zur Nutzung der Förderung der Flexibilität ist die technische Fähigkeit der Anlage für flexiblen Betrieb nachzuweisen. Das erfolgt einmalig durch ein *Zugangsaudit* sowie anschließend jährlich durch ein *Folgeaudit*. Details zu den in diesem Rahmen zu absolvierenden Tests erläutert (UGA 2013).

Um bei gegebenem Biogasaufkommen eine höhere zusätzliche elektrische Leistung flexibler bereitstellen zu können, sind oft die Installation einer zusätzlichen Erzeugungseinheit elektrischer Energie und die Vergrößerung der nutzbaren Gasspeichervolumens nötig.

Die eingesetzten Erzeugungseinheiten müssen insgesamt alle im Fahrplan möglichen Leistungen erbringen können, kritisch ist hier zumeist die technische Mindestlast. Bei einer geplanten Erhöhung der installierten elektrischen Anlagenleistung ist diese vorab beim Netzbetreiber zu beantragen. Weiterführende Informationen zu technischen Änderungen gibt (DLG 2014).

Die *Direktvermarktung zu Inanspruchnahme von Prämien* hat wesentlich zur Erhöhung der Genauigkeit von Prognosen vor allem für die Erzeugung von Elektroenergie aus Windkraft und aus solarer Strahlungsenergie beigetragen.

Bei der *Sonstigen Direktvermarktung* besteht keine finanzielle Förderung nach EEG. Für die erzeugte Elektroenergie werden durch das Umweltbundesamt oder von dort beliehene juristische Personen Herkunftsnachweise ausgestellt. Damit kann die Elektroenergie entsprechend veräußert werden. Es besteht ein Anspruch auf Zahlung von *vermiedenen Netzentgelten* (vNE). Angewandt wird diese Form der Vermarktung vor allem für Anlagen, die nach 20 Jahren weiter betrieben, aber nicht mehr durch das EEG gefördert werden.

In Abb. 2.3 sind für die Jahre 2010 bis 2013 die Anteile der in Direktvermarktung geförderten Gesamterzeugung elektrischer Energie verschiedener Technologien gezeigt.

Seit dem Inkrafttreten des EEG 2012 haben sich alle gezeigten Technologien in Richtung der Direktvermarktung orientiert. Die absolut höchsten Anteile mit über 80 % in Direktvermarktung weist die Windkraft auf. Durch die stetig sinkende Vergütung steigt auch für Anlagen zur Nutzung solarer Strahlungsenergie der Anteil der direkt vermarkteten installierten Anlagenleistung in den letzten beiden Jahren von praktisch Null auf fast 20 %.

Den aktuellen Stand zur Direktvermarkung zeigt ein quartalsweise erstellter Monitoringbericht (Lange et al. 2014).

Umlage der Förderkosten Die *Förderkosten* umfassen die Kosten der beiden Förderprinzipien „Vergütung" und „Direktvermarktung". Dafür wird auch der Begriff „EEG-Auszahlungen" verwendet (BDEW 2014). Werden von den Förderkos-

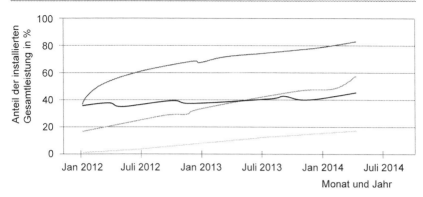

Abb. 2.3 Anteile der in Direktvermarktung geförderten installierten Gesamtleistung elektrischer Energie verschiedener Technologien ab 2012, hellgrau: solare Strahlungsenergie, mittelgrau: Biomasse, dunkelgrau: Windkraft onshore, *schwarz*: Wasserkraft, Daten nach. (Lange et al. 2014)

ten die unten dargestellten vNE abgezogen, sind auch die Begriffe „EEG-Kosten" (EEG 2012) und „Vergütungszahlungen" (r2b energy consulting 2013) im Gebrauch. Hier sollte eine begriffliche Eindeutigkeit geschaffen werden.

Die immensen Förderkosten werden nach dem unten dargestellten Verfahren umgelegt. Es ist zu erwähnen, dass die Energieversorgungswirtschaft in Deutschland praktisch seit Beginn ihres Bestehens finanzielle Unterstützung verschiedener Art erfährt. Ein bekanntes Beispiel ist der „Steinkohlepfennig", der 1994 für nicht mit dem Grundgesetz vereinbar erklärt wurde (BVerfG 1994). Nach (Küchler und Meyer 2011) betrugen die staatlichen Förderungen allein von 1970 bis 2010 für Stein- und Braunkohle über 350 Mrd. € und für die Atomenergie 196 Mrd. €.

Die Umlage der an die Anlagenbetreiber gezahlten finanziellen Förderungen erfolgt nach einem im EEG (EEG 2012) in der Ausgleichsmechanismusverordnung – aktueller Stand (AusglMechV 2012) – sowie einer zugehörigen Ausführungsverordnung – aktueller Stand (AusglMechAV 2013) – geregelten 5-stufigen Verfahren. Es ist in Abb. 2.4 im Überblick dargestellt. Detaillierte Beschreibungen enthalten (BDEW 2013b) und (BDEW 2014). Die im EEG 2014 enthaltenen Änderungen kommen erstmals bei der Ermittlung der EEG-Umlage für 2015 zum Tragen.

Grundsätzlich werden die Mehrkosten für nach EEG geförderte Elektroenergie gegenüber konventionell erzeugter elektrischer Energie in Form einer jährlich festzusetzenden EEG-Umlage von der Mehrheit der Verbraucher als Bestandteil des Arbeitspreises mit ihrer Energierechnung bezahlt. Die Umlage stellt damit keine

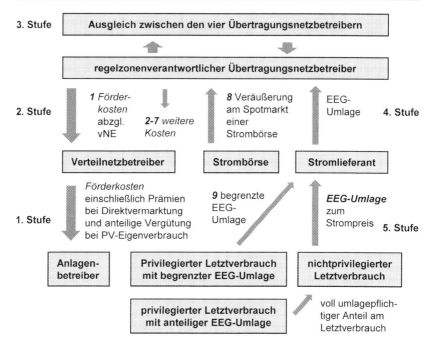

Abb. 2.4 Prinzip der EEG-Kostenwälzung und der Ermittlung der EEG-Umlage

Subvention, sondern eine staatlich angeordnete Förderung dar, die nicht aus öffentlichen Mitteln finanziert wird. Die EEG-Umlage ist durch die Übertragungsnetzbetreiber (ÜNB) bis zum 15. Oktober eines Jahres für das Folgejahr zu ermitteln und wird unter Aufsicht der BNetzA festgesetzt. Bis zum 15. November eines Jahres ist die Umlage für das übernächste Jahr in Form einer Bandbreite zu prognostizieren.

In der *ersten Stufe der Kostenwälzung* erhalten die Anlagenbetreiber vom Betreiber des die elektrische Energie aufnehmenden Netzes, meist ein Verteilnetzbetreiber, die gesetzlich vorgeschriebene Förderung. Diese kann auch verschiedene Prämien oder eine anteilige Vergütung bei Eigenverbrauch von Elektroenergie auf Basis solarer Strahlungsenergie enthalten.

In der *zweiten Stufe der Kostenwälzung* leitet der avNB die entstandenen Kosten an den regelzonenverantwortlichen Übertragungsnetzbetreiber weiter, dabei werden *vermiedene Netzentgelte* abgezogen (*1*). Letztere werden durch die kostengünstigere, verbrauchernahe Erzeugung der Elektroenergie (zum Beispiel durch die dadurch verringerten Übertragungsverluste) vermieden.

Der regelzonenverantwortliche Übertragungsnetzbetreiber ist unter anderem für eine ausgeglichene Leistungsbilanz in seinem Netzgebiet und die Integration der nach EEG erzeugten Elektroenergie in das Fahrplanmanagement verantwortlich. Dazu erstellt er Fahrpläne für Last und Erzeugung auf Grundlage von Prognosen. Da die Fahrpläne, besonders für die nicht steuerbaren Erzeuger, mit Unsicherheiten behaftet sind, werden Bandbreiten verwendet. Zum Ausgleich für Prognosefehler ist elektrische Energie auf dem Spotmarkt einer Strombörse zu beschaffen. Es sind ebenfalls umfangreiche Datenmengen zu handhaben und IT-Prozesse umzusetzen. Diese Leistungen werden als *Profilserviceaufwand* (*2*) bezeichnet. Daneben entstehen dem ÜNB Kosten für die nötige Handelsanbindung (im Wesentlichen die Börsen- und Clearinggebühren von 5ct je gehandelter MWh elektrischer Energie) und die Börsenzulassung (*3*). Ebenfalls zunächst durch den ÜNB zu tragen sind die Kosten für das *Grünstromprivileg* (*4*). Es sieht unter bestimmten Voraussetzungen (unter anderem die Direktvermarktung der betreffenden elektrischen Energie verbunden mit dem Entfall der Vergütung nach EEG) eine um 2 ct/kWh reduzierte, jedoch höchstens völlig entfallende EEG-Umlage für Netzbetreiber vor. Dazu muss deren Portfolio mindestens 50 % nach EEG erzeugter elektrischer Energie enthalten. Von dieser Elektroenergie müssen mindestens 40 % aus Windenergie oder solarer Strahlungsenergie erzeugt werden. Eine weitere Kostenkomponente stellen die Zinskosten für die Verzinsung der Differenzbeträge zwischen Einnahmen und Ausgaben (*5*) dar.

Die *dritte Stufe der Kostenwälzung* erfolgt unter den vier ÜNB in Deutschland. Durch einen horizontalen Belastungsausgleich werden die den ÜNB durch das EEG entstandenen Mehrkosten proportional zum Letztverbraucherabsatz des jeweiligen ÜNB aufgeteilt. Die aufgenommene elektrische Energie wird durch den aufnehmenden oder durch alle ÜNB am Spotmarkt einer Strombörse bestmöglichst und transparent vermarktet. Als Anreiz für eine bestmögliche Vermarktung dienen *Bonuszahlungen* an die ÜNB (*6*). Sie werden anteilig gewährt, wenn die durch den ÜNB beeinflussbaren Kosten der Vermarktung (*2*) und (*3*) einen individuellen, festgelegten Basiswert unterschreiten. Die Kosten für eine erforderliche technische Nachrüstung von PV-Anlagen (*7*) entstehen anteilig ebenfalls bei den betroffenen Netzbetreibern.

Die erzeugten Erlöse (*8*) decken einen Teil der entstandenen Kosten. Eine weitere Einnahmequelle bilden die reduzierten begrenzten EEG-Umlagen für stromintensive Unternehmen und Schienenbahnen nach Abschn. 2 EEG (*9*). Diese Abnahmemengen werden mit dem Begriff *privilegierter Letztverbrauch* bezeichnet.

Die EEG-Umlagen dafür werden in Abhängigkeit vom Jahresverbrauch über Stufen von 10 % und 1 % der EEG-Umlage als *anteilige EEG-Umlage* auf den Betrag der *begrenzten EEG-Umlage* von 0,05 ct/kWh reduziert. Unter diese Regelung fallen nach EEG 2012 bereits Abnehmer mit einem Jahresverbrauch von über 1 GWh die 10 % der EEG-Umlage tragen müssen. Eine einfache Rechnung zeigt, dass ein derartiger Verbrauch bereits bei einschichtiger Auslastung einer Netzstation mit einer Leistung von 630 kVA überschritten werden kann. Für die Begrenzung der EEG-Umlage werden seit dem Jahr 2013 Gebühren erhoben (BAGebV 2013).

Der Letztverbrauch der Abnehmer mit *anteiliger EEG-Umlage* wird in einen vollumlagepflichtigen Anteil umgerechnet und Bestandteil des für die EEG-Umlage anzulegenden Letztverbrauchs. Die Einnahmen aus dem privilegierten Letztverbrauch mit begrenzter EEG-Umlage (*9*) bilden eine Erlöskomponente.

Zur Bestimmung der EEG-Umlage werden die Kostenposition (*1*) sowie die Erlöse (*8*) jährlich prognostiziert, derzeit vom Unternehmen r2b energy consulting GmbH (r2b energy consulting 2013). Durch Unwägbarkeiten hinsichtlich

- des umgesetzten Zubaus von EEG-Anlagen
- der von meteorologischen Faktoren abhängigen Elektroenergieerzeugung
- des Umfanges der Direktvermarktung
- der erzielbaren Erlöse am Spotmarkt

entstehen Abweichungen der tatsächlichen von den prognostizierten Werten für ein Kalenderjahr.

Die Kostenkomponenten (*2*) bis (*6*) werden auf der Grundlage der AusglMechAV durch die ÜNB selbst ermittelt. Die für die Nachrüstung der PV-Anlagen anfallenden Kosten seitens der Netzbetreiber (*7*) werden von einer internen Arbeitsgruppe des BDEW ermittelt.

Aus dem Vergleich der entstehenden Kosten und der erzielten Erlöse entsteht ein als Deckungslücke bezeichneter Fehlbetrag. Von diesem Fehlbetrag abzüglich der Kostenkomponenten (*4*) und (*9*) können ÜNB eine prozentual angelehnte Liquiditätsreserve vorsehen. Diese wurde ab dem Kalenderjahr 2013 von bisher 3 % auf 10 % angehoben (BNetzA 2012). Gründe für diese erhebliche Erhöhung waren die starken Schwankungen der mit Photovoltaik und Windenergie verbundenen Kosten und hohe Defizite des von den ÜNB geführten Umlagekontos. Unter Verrechnung des bereits bestehenden Kontostandes des Umlagekontos ergibt sich der *Umlagebetrag*.

Mit prognostizierten Werten der Elektroenergiemengen für den nichtprivilegierten Letztverbrauch sowie den Letztverbrauch mit reduzierter EEG-Umlage nach dem Grünstromprivileg (die Mehrkosten aufgrund der reduzierten Umlage wurden unter (*4*) erfasst) ergibt sich der *für die EEG-Umlage anzusetzende Letztverbrauch*.

Die Prognose der künftigen Letztverbräuche und damit auch der Erlöse nach (*9*) erfolgt ebenfalls jährlich, derzeit durch die Energy Brainpool GmbH & Co. KG, Berlin (Henkel und Lenck 2013).

Durch Division des *Umlagebetrages* und des *für die EEG-Umlage anzusetzenden Letztverbrauches* ergibt sich die je kWh nicht privilegierten Letztverbrauchs anzusetzende *EEG-Umlage*. Das folgende Beispiel beschreibt das Verfahren.

Beispiel

Berechnung der EEG-Umlage für 2014 nach (ÜNB 2013a) unter Verwendung gerundeter Werte. Die Positionen mit Klammerangabe beziehen sich auf Ab. 2.3

Prognostizierten Kosten für 2014   Förderkosten nach EEG durch die ÜNB abzgl.

vNE nach (r2b energy consulting 2013) *(1)*	21.255.000.000, -€
Profilserviceaufwand, Börsenzulassung, Handelsanbindung, Grünstromprivileg, Zins- und Bonikosten *(2–6)*	299.000.000, -€
(Darunter Grünstromprivileg (4))	*120.000.000 €*
Nachrüstung PV-Anlagen *(7)*	120.000.000, -€
Gesamtkosten: (GK)	*21.674.000.000, -€*

Prognostizierten Erlöse für 2014

Einnahmen aus Vermarktung nach (r2b energy consulting 2013) *(8)*	−2.193.000.000, -€
Einnahmen aus begrenzter EEG-Umlage für privilegierten Letztverbrauch nach (Henkel und Lenck, 2013) *(9)*	−35.000.000, -€
Gesamterlöse: (GE)	*−2.228.000.000, -€*
Deckungslücke: (DL) = (GK) − (GE)	*19.446.000.000, -€*
Liquiditätsreserve (10% von (DL)-*(4)*–*(9)*): (LR)	1.936.000.000, -€
Verrechnung des Vorjahreskontostandes: (VK)	2.197.000.000, -€
Umlagebetrag 2014: (UB) = (DL) + (LR) + (VK)	*23.579.000.000, -€*

Prognose der Letztverbrauchsmengen für 2014 in MWh nach (Henkel und Lenck 2013)

Privilegierter Letztverbrauch: (PL)	106.523.000
voll umlagepflichtiger Anteil von (PL) mit anteiliger EEG-Umlage: (VA)	1.658.000
Nichtprivilegierter Letztverbrauch: (NL)	370.260.000
Letztverbrauch mit reduzierter EG-Umlage: (RL)	5.977.000
relevanter Letztverbrauch: (LV) = (NL) + (RL) + (VA)	*377.895.000*
EEG-Umlage 2014 = (UB)/(LV) = 6,240 ct/kWh	

In einer *vierten Stufe der Kostenwälzung* wird die so berechnete EEG-Umlage durch den ÜNB von jedem Elektroenergielieferanten auf die gelieferte elektrische Arbeit erhoben.

In der abschließenden *fünften Stufe der Kostenwälzung* ist der Lieferant elektrischer Energie berechtigt, sich die EEG-Umlage von den Letztverbrauchern erstatten zu lassen. Für eine bessere Kundenbindung tragen einige Lieferanten die zum Jahreswechsel erfolgenden Erhöhungen der EEG-Umlagen teilweise selbst (Tachilzik und Eisenbeis 2013).

Wegen der Reduzierung der EEG-Umlage für Industrieunternehmen stand gegen Deutschland der Vorwurf unrechtmäßiger Subventionen im Raum. Dazu bezog die EU im Jahr 2014 Stellung (EC 2014). Die Umsetzung in deutsches Recht erfolgte im Rahmen des EEG 2014. Es enthält Festlegungen für eine *begrenzte EEG-Umlage*. Die Begrenzung auf mindestens 0,1 ct/kWh erfolgt für den Elektroenergieverbrauch oberhalb eines voll umlagepflichtigen jährlichen Sockelbetrages von 1 GWh Antragsberechtigte Branchen sind festgelegt. Der Umfang der Begrenzung ist von der Stromkostenintensität der Bruttowertschöpfung abhängig. Die Regelungen werden ab dem Antragsjahr 2014 für die Begrenzung der EEG-Umlage 2015 eingeführt. Übergangsfristen für nach dem neuen Modell stärker belastete Unternehmen reichen bis zum Jahr 2019. Künftig nicht mehr unter diese Regelung fallen unter anderem Braunkohletagebaue.

Durch die Veräußerung der nach EEG geförderten Elektroenergie an der Börse wird dort das Verhältnis von Angebot und Nachfrage, der sogenannte *Merit-Order Effekt*, nachhaltig beeinflusst. Durch den Anstieg des Angebots an Elektroenergie ist deren Preis entsprechend gesunken. Für das Kalenderjahr 2012 betrug diese Reduzierung für den Spotmarktpreis (den Preis für kurzfristige Energielieferung meist für den Folgetag) etwa 10 €/MWh (Cludius et al. 2014). Dadurch sinken auch die Einnahmen aus der Vermarktung der Elektroenergie und damit die Gesamterlöse. Das wiederum führt zu einem Anstieg der durch die EEG-Umlage zu kompensierenden Deckungslücke.

Im Gegensatz zu den direkten Kosten des EEG werden die Kosten für die unten beschriebene Erweiterung der Netzkapazität der Verteilnetze und die Kosten für das Einspeisemanagement nicht bundesweit umgelegt. Sie werden durch die avNB über die Netzentgelte von den Letztverbrauchern des jeweiligen Versorgungsgebietes erhoben. Es entstehen erhebliche Differenzen, die zu Standortnachteilen führen. Eine Studie des Jahres 2011 (GET AG 2011) ermittelte für gewerbliche Kunden auf der Niederspannungsebene mit registrierender Leistungsmessung, einem Jahresverbrauch von 50 MWh bei einer Höchstleistung von 50 kW eine Bandbreite der Netzentgelte von unter 1750 ‚-€ in Bayern bis zu über 7950 ‚-€ in Sachsen-Anhalt. Eine Forderung des Landes Brandenburg nach bundesweiter Umlage dieser Kosten scheiterte im Bundesrat (BWE 2011).

2.3   Umsetzung des EEG am Beispiel der Festlegung des Verknüpfungspunktes

Die Umsetzung des EEG erfordert ständig an die aktuelle Gesetzeslage angepasste, strukturierte Prozesse. Die Gründe für eine sehr formalisierte Abwicklung liegen in

* der sehr hohen Stückzahl bestehender und künftiger EEG-Anlagen,
* dem enormen Umfang der zu verarbeitenden Datenmengen,
* dem oft vorhandenen Termindruck bei der Errichtung neuer Anlagen aufgrund der stufenweisen Absenkung der Vergütung,
* einer für viele Anlagen individuellen Konstellation des Netzanschusses,
* der stetig wachsenden Komplexität des EEG und verbundener Vorschriften.

Eine verbale Einführung zu Prozessen gibt (Beyer und Hayrapetyan 2012). Die BNetzA hat in einem Festlegungsverfahren (BNetzA 2006 und BNetzA 2010) einheitliche Geschäftsprozesse und Datenformate vorgegeben. Die Datenformate sind auf der Internetpräsenz des dem BDEW zugeordneten *Forum Datenformate* zu finden.

Praktisch alle für EEG-Anlagen kostenrelevanten Entscheidungen werden in der Phase zwischen dem Stellen eines Netzanschlussbegehrens beim avNB und der Inbetriebnahme der Anlage umgesetzt. Neben der Einstufung in eine Vergütungskategorie ist die Festlegung eines Verknüpfungspunktes mit dem Netz des avNB von zentraler Bedeutung. Abbildung 2.5 zeigt die Grundsätze seiner Bestimmung. An dieser zweiten Thematik sollen die Komplexität und die mitunter auch Widersprüchlichkeit der Umsetzung des EEG gezeigt werden.

Ein häufiger Streitpunkt und nicht immer völlig objektiv umzusetzen ist im Zusammenhang mit der Festlegung eines Verknüpfungspunktes die *Bestimmung der wirtschaftlich zumutbaren Kosten* für Netzbetreiber. Obwohl in Vorbereitung des EEG-Monitoringberichtes 2011 gefordert (Ecofys 2011), wurde in die aktuelle Fassung des EEG keine Festlegung zur Bestimmung dieser Kosten aufgenommen. Anhaltspunkte zu deren Bestimmung bietet jedoch die Begründung zum EEG 2004 (Bundesregierung 2004). Danach ist *„verhältnismäßig und damit zumutbar im engeren Sinne…der Ausbau daher insbesondere dann, wenn die Kosten des Ausbaus 25 % der Kosten der Errichtung der Elektroenergieerzeugungsanlage nicht überschreiten"*. Weiterhin wird gesagt *„Die Zumutbarkeit des Ausbaus findet ihre Grenze dort, wo der sich aus den Vergütungssummen im Vergütungszeitraum ergebende Wert der Gesamtmenge elektrischer Energie aus den durch den Ausbau anschließbaren Erzeugungsanlagen die Kosten des Ausbaus nicht deutlich übersteigt."*

Netz des avNB	Verknüpfungspunkt	EEG-Anlage
Netzausbaukosten ⟶		⟵ Netzanschlusskosten

| - der Netzbetreiber (bei Erfordernis auch der vorgelagerter Netze bis 110kV) trägt die Kosten für Netzoptimierung, -verstärkung und -ausbau, sofern die Kostentragung *wirtschaftlich zumutbar* ist
- in die Kosten einbezogen sind sämtliche für den Betrieb des Netzes notwendigen technischen Einrichtungen und Anlagen | - der Anlagenbetreiber trägt die Kosten für Netzanschluss und Messeinrichtungen
- weist der Netzbetreiber einen anderen als den technisch und wirtschaftlich günstigsten Verknüpfungspunkt zu, trägt er die Mehrkosten
- bei Anlagen bis insgesamt 30kW installierter Leistung auf einem Grundstück gilt ein dort bestehender Netzanschluss als günstigster Verknüpfungspunkt |

Abb. 2.5 Grundsätze zur Bestimmung des Verknüpfungspunktes

Die erstgenannte Regelung bezieht sich bewusst auf die in der Planungsphase weitgehend bekannten Kosten und schließt Betriebskosten zum Beispiel Brennstoffkosten für Biomasseanlagen aus. Die zweite genannte Regelung wird nach (Jarass et al. 2007) und (Jarass et al. 2009) in Abb. 2.6 und im anschließenden Beispiel vorgestellt.

Das Verfahren bestimmt nach volkswirtschaftlichen Gesichtspunkten die Grenze, bei der ein durch Maßnahmen im Netz ermöglichter *zusätzlicher Nutzen* den dafür *nötigen Kosten* entspricht. Unter Nutzen wird die durch den Anlagenbetreiber jährlich erzielbare Mehrvergütung nach EEG verstanden. Die Kosten stellen die jährlich durch den Netzbetreiber aufzuwendenden Summen für die Umsetzung der Maßnahmen für Optimierung, Verstärkung und Ausbau des Netzes dar.

In einem *ersten Schritt* wird die (zu erwartende) geordnete Jahresdauerlinie der EEG-Anlage erstellt. Grundlage dafür bilden statistische Auswertungen. Im Bild zu sehen ist eine Anlage, die an 4000 h im Jahr eine Leistung von mindestens 12 % der installierten Nennleistung erbringt.

In einem *zweiten Schritt* wird durch Spiegelung an der Geraden y = x die Umkehrfunktion erstellt (rechte Ordinate). Die entstehende Funktion gibt die Zahl der Stunden pro Jahr an, für die der jeweilige Anteil an der installierten Nennleistung erreicht oder überschritten wird. Das Verhältnis des Flächenanteils unter der Kurve zur gesamten Diagrammfläche ist gleich der jährlichen Volllaststundenzahl bezogen auf 8760 h. Im *dritten Schritt* entsteht durch Multiplikation der jährlichen Stundenzahl mit der erzielbaren Vergütung nach EEG, hier angenommen mit

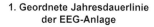

1. **Geordnete Jahresdauerlinie**
   der EEG-Anlage

2. **Bilden der Umkehrfunktion x = f(y)**
3. **Bestimmen der zusätzlich erzielbaren**
   EEG-Vergütung bei Maßnahmen im Netz

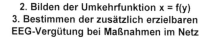

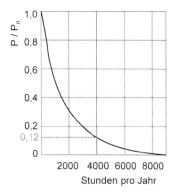

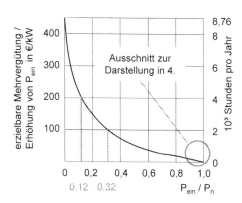

4. **Vergleich von 3. mit den zusätzlichen jährlichen Kosten der Maßnahmen im Netz**

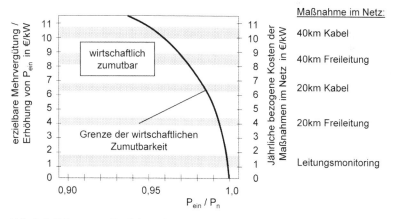

Abb. 2.6 Schema zur Ermittlung der wirtschaftlich zumutbaren Kosten des Netzausbaus nach (Jarass et al. 2007) und (Jarass et al. 2009)

5 ct/kWh, die erzielbare Mehrvergütung je Erhöhung der einspeisbaren Leistung in €/kW (linke Ordinate). Es soll zum Beispiel durch Maßnahmen im Netz die einspeisbare Leistung der EEG-Anlage von 12 auf 32 % der installierten Nennleistung erhöht werden. Entsprechend der Häufigkeit mit der diese Leistungen erreicht oder überschritten werden und der zutreffenden Vergütung nach EEG kann so eine

jährliche Mehrvergütung von 100 € je kW einspeisbarer Leistung erzielt werden. Die Mehrzahl praktischer Fragestellungen beschäftigt sich mit Maßnahmen, deren Umsetzung eine 100 %-ige Aufnahme der erzeugten Elektroenergie gestatten. Für diesen Ausschnitt werden im *vierten Schritt* den erzielbaren Mehrerlösen aus Schritt 3 jährliche Kosten für in Frage kommende Maßnahmen im Netz gegenübergestellt. Die Kurve selbst stellt die Grenze der wirtschaftlichen Zumutbarkeit dar. Ein Beispiel soll die Herangehensweise veranschaulichen.

Beispiel

Ermittlung der wirtschaftlichen Zumutbarkeit des Neubaus einer Mittelspannungsfreileitung mit 2 km Länge

Eine Freileitung beseilt mit Al/St 70/12 kann bei einem maximal zulässigen Betriebsstrom von $I_{max} = 290\,A$ und einer Netznennspannung von 20 kV im Drehstromsystem eine maximale Scheinleistung S_{max} von ca. 10 MVA transportieren.

Nach Abb. 2.5 betragen die jährlichen Kosten für die Freileitung ca. 2200 €/km.

Es ist zu entscheiden, ob der Neubau einer Leitung von 2 km wirtschaftlich zumutbar ist, wenn dadurch 100 % statt 95 % der installierten Nennleistung anzuschließender Windkraftanlagen eingespeist werden können.

a. *Anschluss einer Windkraftanlage mit 2 MW installierten Nennleistung*
   Die einspeisbare Leistung erhöht sich um 100 kW. Die erzielbare jährliche Mehrvergütung liegt bei etwa 10 €/kW x 100 kW = 1.000 € und damit deutlich unter den jährlichen Kosten des Leitungsneubaus. Die Maßnahme ist wirtschaftlich unzumutbar.

b. *Anschluss von vier Windkraftanlagen mit je 2 MW installierten Nennleistung*
   Durch den Neubau der Leitung kann die gleiche prozentuale Erhöhung der einspeisbaren Leistung erzielt werden. Den gleichen Kosten stehen hier erzielbare jährliche Mehrvergütungen in Höhe von etwa 10 €/kW × 400 kW = 4000 € gegenüber. Damit ist die Maßnahme wirtschaftlich zumutbar.

Als neutrale Einrichtung zur Klärung von Streitigkeiten und Anwendungsfragen des EEG wurde durch das Bundesministerium für Umwelt, Naturschutz und Reaktorsicherheit im Jahr 2007 die *Clearingstelle EEG* ins Leben gerufen. Sie bietet fünf verschiedene Verfahrensarten zur Konfliktlösung an. Ihre Äußerungen sind als solche rechtlich nichtverbindlich. Für die Verfahren werden derzeit keine Entgelte oder Gebühren in Rechnung gestellt – Kosten für Gutachten oder anwaltliche Vertretung sind durch die Parteien selbst zu tragen.

Auf ihrer Internetpräsenz bietet die Clearingstelle sehr gut strukturierte Informationen zu laufenden und zu abgeschlossenen Verfahren, Fachgesprächen sowie, nach Gesetzesbezug und Urheber filterbare Rechtsprechungen an.

Die *Empfehlung 2011/1 vom 29. September 2011 der Clearingstelle* (Clearingstelle-EEG 2011) betrifft die eben geschilderte Thematik der wirtschaftlichen Zumutbarkeit des Netzausbaus, hier für EEG-Anlagen mit insgesamt bis zu 30 kW Leistung auf einem Grundstück mit vorhandenem Netzanschlusspunkt. Diese Konstellation trifft auf die übergroße Mehrheit der EEG-Anlagen zu.

Die bisherige Praxis stützte sich auf § 5, Abs. 1, Satz 2, EEG 2012 (inhaltlich seit EEG 2004 praktisch unverändert, dort unter § 13 aufgeführt). Danach gilt der vorhandene Netzanschlusspunkt als der günstigste Verknüpfungspunkt. Dies führte in den letzten Jahren besonders in ländlichen Bereich zu erhöhtem Aufwand der Netzbetreiber zur Anbindung von EEG-Anlagen.

Die Empfehlung der Clearingstelle stellt, vereinfachend gesagt, den genannten § 5, Abs. 1, Satz 2, nachrangig zu § 9 Abs. 3 EEG 2012 (wirtschaftliche Zumutbarkeit für den Netzbetreiber). Das bedeutet, dass ein Anlagenbetreiber nicht berechtigt ist, den Anschluss an einem bereits bestehenden Verknüpfungspunkt desselben Grundstücks zu verlangen, wenn dem Netzbetreiber die Kapazitätserweiterung an diesem Netzverknüpfungspunkt wirtschaftlich unzumutbar ist.

Entgegen der Empfehlung und entsprechend der bisherigen Praxis urteilte das Landgericht Münster im Dezember 2011 (LG Münster 2011). Begründet wurde das Urteil mit der vom Gesetzgeber gewollten Privilegierung von Kleinanlagen, um Rechtsstreitigkeiten und unnötige Kosten zu vermeiden. Mit einer höchstrichterlichen Klärung der bestehenden Rechtsunsicherheit ist in nächster Zeit nicht zu rechnen (Lehnert et al. 2014)

Einen kommentierten Überblick zur Rechtsprechung des BGH bis 2008 zum Thema Netzanschluss und Netzausbau gibt (Wiechers 2008). Eine umfangreiche und aktuelle Zusammenstellung der geltenden Rechtslage besonders auch zu Belangen von Netzbetreibern gibt (Lehnert et al. 2014).

Gesetz für die Erhaltung, die Modernisierung und den Ausbau der Kraft-Wärme-Kopplung – KWKG

3.1 Ziele des Gesetzes und Grundsätze der Vergütung

Das *KWKG* (Kurztitel: Kraft-Wärme-Kopplungsgesetz) regelt vergleichbar dem EEG die bevorzugte Einspeisung elektrischer Energie aus Kraft-Wärme-Kopplung in elektrische Netze. Es trat am 1. April 2002 in Kraft, wurde 2009 novelliert und Mitte des Jahres 2012 überarbeitet. Als Vorschaltgesetz zur Bestandssicherung von KWK-Anlagen ging das *Gesetz zum Schutz der Stromerzeugung aus Kraft-Wärme-Kopplung* vom 12. Mai 2000 (KWK-G 2000) voraus. Die für 2011 festgeschriebene Zwischenüberprüfung des Gesetzes (BMWi 2011) ergab für den Zeitraum von 2002 bis 2010 einen Anstieg des Anteils der Elektroenergieerzeugung mit Kraft-Wärme-Kopplung von lediglich 1,5 % auf etwa 15 %. Zur weiteren Forcierung des Einsatzes der Kraft-Wärme-Kopplung wurde das KWKG 2012 neu gefasst (KWK-G 2012). Den aktuellen Sachstand zur Wirksamkeit des KWK-Gesetzes stellt (UBA 2014) vor.

Der Zweck des Gesetzes liegt im Interesse der Energieeinsparung, des Umweltschutzes und der Erreichung der Klimaschutzziele der Bundesregierung darin, den Anteil der Elektroenergieerzeugung mit Kraft-Wärme-Kopplung in Deutschland *bis zum Jahr 2020* auf 25 % zu erhöhen. Erreicht werden soll dieses Ziel durch

- Förderung des *Neubaus*, der *Modernisierung* und der *Nachrüstung* von KWK-Anlagen ohne Größenbeschränkung,
- die Unterstützung der *Markteinführung* der Brennstoffzelle,

© Springer Fachmedien Wiesbaden 2014
J. Scheffler, *Die gesetzliche Basis und Förderinstrumente der Energiewende*,
essentials, DOI 10.1007/978-3-658-07554-5_3

- die Förderung des Neu- und Ausbaus von Wärm- und Kältenetzen und
- die Förderung des Neu- und Ausbaus von Wärme- und Kältespeichern, in die Wärme oder Kälte aus KWK-Anlagen eingespeist wird.

Netzbetreiber werden gleichrangig den EEG-Anlagen verpflichtet, zuschlagbe-rechtigte KWK-Anlagen an ihr Netz anzuschließen, die erzeugte Elektroenergie aufzunehmen und zu vergüten. Die Regelungen für den dafür gegebenenfalls nö-tigen Netzausbau entsprechen grundsätzlich den für das EEG geltenden. Die Ver-pflichtung zur Abnahme und zur Vergütung von in KWK erzeugter Elektroenergie aus Anlagen mit einer elektrischen Leistung über 50 kW entfällt, wenn der Netzbe-treiber nicht mehr zu einer Zuschlagszahlung verpflichtet ist. Erhalten bleiben die Ansprüche auf vorrangigen Netzzugang und die Aufnahme der in KWK erzeugten elektrischen Energie.

Die Vergütung setzt sich aus mehreren Komponenten zusammen. Abbildung 3.1 zeigt deren Struktur. Für die gesamte in Kraft-Wärme-Kopplung erzeugte Elektro-energiemenge – also auch für einen nicht in ein Netz der allgemeinen Versorgung eingespeisten Anteil – wird ein *Zuschlag* gezahlt. Seine Bestimmung und Umlage wird nachfolgend beschrieben.

Darüber hinaus treffen der Netz- und der Anlagenbetreiber eine *Vereinbarung zum Preis* der aufgenommenen Elektroenergie aus KWK. Kommt es nicht zu einer Vereinbarung, gilt für kleine Anlagen (bis 2 MW installierter elektrischer Leis-tung) der an eine Notierung der Strombörse gebundene *übliche Preis* als verein-bart. Alternativ zur Heranziehung dieses quartalweisen Index schlägt (Hollinger

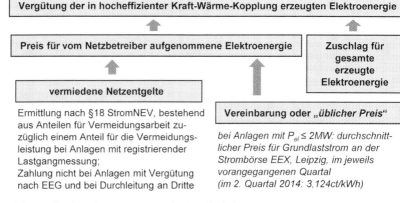

Abb. 3.1 Struktur der Vergütung nach KWKG 2012

et al. 2011) für nach Fahrplan betreibbare kleine KWK-Anlagen die Zahlung des stundengenauen EEX Day-Ahead Sportmarktpreises vor.

Für Anlagen höherer Leistung trifft das KWKG keine Aussage zur Bestimmung des üblichen Preises. Weist jedoch der Anlagenbetreiber dem Netzbetreiber einen Abnahmevertrag mit einem Dritten nach, ist der Netzbetreiber verpflichtet, dem Anlagenbetreiber den mit dem Dritten vereinbarten Preis zu zahlen.

Eine dritte Vergütungskomponente bildet der durch dezentrale Einspeisung vermiedene Teil der Netzentgelte. Netzentgelte werden vom Netzbetreiber auf Grundlage der Stromnetzentgeltverordnung – mit aktuellem Stand von 2013 – als Nachfolger der Verbändevereinbarungen kalkuliert, sind jährlich zu veröffentlichen und von der Bundesnetzagentur zu genehmigen. Die Höhe der Entgelte ist abhängig von der Netzebene und schwankt je nach Größe und der Struktur der nachgelagerten Netze. Eine besondere Regelung gilt für Letztverbraucher mit atypischem Lastverhalten, deren Höchstlastbeitrag nicht mit der zeitgleichen Jahreshöchstlast aller Entnahmen des jeweiligen Netzes zusammenfällt. Diese Verbraucher können individuell vereinbarte NNE in Anspruch nehmen.

Letztverbraucher mit Jahresverbräuchen über 10 GWh und einer jährlichen Benutzungsdauer von über 7000 h je Abnahmestelle konnten mit Änderung der StromNEV im Jahr 2011 (StromNEV 2011) auf Antrag vollständig von NNE befreit werden. Diese grundsätzliche Befreiung wurde bereits im Jahr 2013 zurückgenommen (StromNEV 2013) und wird seitdem über die jährlichen Benutzungsdauer gestaffelt. Die Mehrkosten der Befreiung dieser Abnehmer wird über eine Umlage finanziert. Sie wird ab 2012 direkt von den verbleibenden Letztverbrauchern erhoben und betrug im Jahr 2012 für die ersten an einer Abnahmestelle entnommenen 100.000 kWh 0,151 ct/kWh. Durch eine rückwirkende Anhebung dieser Entnahmemenge auf 1.000.000 kWh im Jahr 2013 werden die für 2012 und 2013 gezahlten Umlagen in den Jahren 2014 und 2015 rückwirkend korrigiert. Die Vorgehensweise stellt (ÜNB 2013b) vor.

Auch die Berechnung der vermiedenen Netzentgelte für KWK-Anlagen erfolgt nach der StromNEV. Eine Anleitung zur Berechnung gibt (VDN 2007). Sie setzen sich aus einem Anteil für die vermiedene Arbeit, die *Vermeidungsarbeit*, und einem Anteil für die vermiedene Leistung, die *Vermeidungsleistung*, zusammen. Die Kalkulation des zweiten Anteils setzt eine registrierende Lastgangmessung, wie sie bei einer jährlichen Einspeisung von über 100.000 kWh vorgeschrieben ist, voraus. Die Vermeidungsleistung kann entweder als mittlere vermiedene Leistung (verstetigte Bewertung) oder mit ihrem tatsächlichen Wert zum Zeitpunkt der Jahreshöchstlast (IST-Bewertung) bestimmt werden.

Die Vermeidungsarbeit wird mit dem Arbeitspreis der Umspannebene bewertet, die der Spannungsebene der Einspeisung der KWK-Anlage vorgeschaltet ist. Bis zu dieser Spannungsebene vermeidet die dezentrale Erzeugung den Transport elektrischer Arbeit. Für einspeisende KWK-Anlagen mit registrierender Lastgang-messung wird unabhängig von der tatsächlichen jährlichen Dauer der Einspeisung der Arbeitspreis für eine Jahresbenutzungsdauer von über 2500 h herangezogen. Dieser ist deutlich niedriger als der Arbeitspreis für Jahresbenutzungsdauern unter 2500 h. Diese Handhabung ist damit begründet, dass die vorgelagerte Netzebene, bis zu der die dezentrale Erzeugung den Transport von Arbeit vermeidet, in der Regel Jahresbenutzungsdauern von über 2500 h aufweist.

3.2 Zuschlagzahlung und Belastungsausgleich

Zuschläge bilden die wesentliche Komponente der gesamten Vergütung. Voraus-setzung für ihre Zahlung ist die *Zulassung der Anlage* durch das Bundesamt für Wirtschaft und Ausfuhrkontrolle (BAFA), bei Anlagen bis 50 kW durch eine *All-gemeinverfügung* (Typenzulassung). Die in Kraft-Wärme-Kopplung erzeugte und für Zuschläge relevante Menge Elektroenergie ist nach (AFGW 2009) zu belegen. Für kleinere Anlagen gelten vereinfachte Forderungen.

Tabelle 3.1 zeigt die zuschlagberechtigten Anlagenkategorien nach KWKG 2012. Sie gelten für Anlagen mit (Wieder-) Aufnahme des Dauerbetriebs zwischen dem 1.1.2009 und dem 31.12.2020, für nachgerüstete Anlagen ab Inkrafttreten des Gesetzes bis zum 31.12.2020. Gefördert werden

- *Neuanlagen*: Anlagen mit fabrikneuen Hauptkomponenten
- *modernisierte KWK-Anlagen*: Erneuerung wesentlicher effizienzbestimmender Anlagenteile mit Kosten über 25 % einer Neuanlage
- *nachgerüstete KWK-Anlagen*: Anlagen zur ungekoppelten Elektroenergie- und Wärmeerzeugung bei denen Komponenten zur Elektroenergie- oder Wär-meauskopplung nachgerüstet wurden.

Zuschläge werden ausschließlich für nach (EC 2004) *hocheffiziente Anlagen* ge-zahlt, das heißt, Anlagen müssen eine Energieeinsparung von mindestens 10 % im Vergleich zur getrennten Erzeugung von Elektroenergie und Wärme aufweisen. Bis auf Brennstoffzellenanlagen dürfen zuschlagberechtigte Anlagen keine beste-hende Fernwärmeversorgung mit KWK verdrängen. Die Höhe der Zuschläge ist je nach Anlagenart und -größe auf mehrere Leistungsanteile gestaffelt. Abgegrenzt werden *sehr kleine Anlagen* bis 2 kW und *kleine Anlagen* bis 50 kW und 2 MW installierter elektrischer Leistung. Die Dauer der Zuschlagzahlung ist nach Kalen-derjahren oder Vollbenutzungsstunden festgelegt.

Der Bestand von Förderungen nach Vorversionen des aktuellen KWKG führt zu einer Reihe weiterer, schrittweise auslaufender Förderkategorien.

Tab. 3.1 Anlagenkategorien und Zuschlagzahlungen nach KWKG 2012

Kategorie	Installierte elektrische Leistung	Höhe des Zuschlags in ct/kWh	Dauer der Zuschlagzahlung ab Aufnahme des Dauerbetriebes
Neuanlagen	Bis 2 kW	*5,41 alternativ:* pauschale Vorabzahlung des Zuschlags für 30.000 VBS[b]	10 Jahre
	Bis 50 kW	*5,41*	10 Jahre oder 30.000 VBS
	Über 50 kW bis 2 MW	*5,41* für LA bis 50 kW, *4* für LA über 50 kW bis 250 kW *2,4* für LA über 250 kW	30.000 VBS
	Über 2 MW	*5,41* für LA bis 50 kW, *4* für LA über 50 kW bis 250 kW *2,4* für LA über 250 kW bis 2 MW *1,8* (*2,1*[a]) für LA über 2 MW	30.000 VBS
Brennstoffzellenanlagen		*5,41*	10 Jahre oder 30.000 VBS
Modernisierte KWK-Anlagen	Bis 50 kW	*5,41*	5 Jahre oder 15.000 VBS 10 Jahre oder 30.000 VBS bei Kosten über 50 % einer Neuanlage
	Über 50 kW	Gestaffelt wie für Neuanlagen	30.000 VBS bei Kosten über 50 % einer Neuanlage 15.000 VBS bei Kosten über 25 % einer Neuanlage
Nachgerüstete KWK-Anlagen	Über 2 MW	Gestaffelt wie für Neuanlagen	30.000 VBS bei Kosten über 50 % einer Neuanlage 15.000 VBS bei Kosten über 25 % einer Neuanlage 10.000 VBS bei Kosten über 10 % einer Neuanlage

LA Leistungsanteil, *VBS* Vollbenutzungsstunden
[a] im Geltungsbereich des Treibhausgas-Emissionshandelsgesetz (TEHG 2011) und bei Aufnahme des Dauerbetriebs nach dem 31.12.2012
[b] gilt auch für Brennstoffzellenanlagen dieser Leistungsklasse

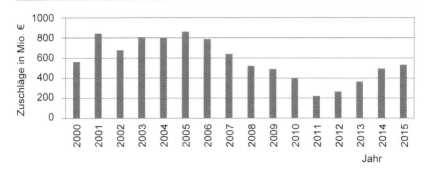

Abb. 3.2 Höhe der im Rahmen des KWK-G gezahlte Zuschläge bis 2000–2012 nach (EEG-KWK.net 2013b) und Prognose der Zuschlagzahlungen 2013–2015 nach (EEG-KWK.net 2013a)

Ähnlich dem EEG werden auch die nach KWKG gezahlten Zuschläge über eine Umlage auf Letztverbraucher finanziert. Die Höhe der jährlichen KWK-Umlage ist auf 750 Mio. € einschließlich einer Summe von 150 Mio. € für Wärme- und Kältenetze begrenzt. Übersteigen die Zuschlagzahlungen diese Grenze, werden die Zuschlagzahlungen für Anlagen mit Leistung über 10 MW entsprechend gekürzt und in den Folgejahren vollständig nachgezahlt. Abbildung 3.2 zeigt die zwischen 2000 und 2012 nach KWKG gezahlten und für 2013 bis 2015 prognostizierten Zuschläge.

Die Umlage der *Zuschlagzahlungen* erfolgt stufenweise. Verteilnetzbetreiber zahlen die Zuschläge an die Anlagenbetreiber und erhalten die Kosten dafür von ihren Übertragungsnetzbetreibern (ÜNB) erstattet. Zwischen den ÜNB erfolgt ein horizontaler Ausgleich, um ein gleiches Verhältnis von an Letztverbraucher gelieferten Elektroenergiemengen und gezahlten Zuschlägen zu erreichen. Über *Ausgleichzahlungen* können die ÜNB die ihnen entstandenen Kosten an die VNB weitergeben, bis alle Netzbetreiber gleiche Belastungen tragen. Die bundesweit nach KWKG gezahlte Fördersumme eines Kalenderjahres wird anteilig als Aufschlag auf die Netzentgelte umgelegt. Dafür werden Letztverbraucher anhand ihres jährlichen Verbrauchs in die Kategorien

- A bis 100.000 kWh je Entnahmestelle
- B über 100.000 kWh je Entnahmestelle und nicht Kategorie C zugehörig und
- C über 100.000 kWh und stromintensiv

eingestuft. Unter stromintensiv werden hier Unternehmen des produzierenden Gewerbes verstanden, deren Kosten elektrischer Energie im vorausgegangenen Kalenderjahr 4 % des Umsatzes überstiegen. Für die Kategorien B und C sind die Zuschläge mit 0,05 und 0,025 ct/kWh begrenzt. Das verbleibende Volumen der gezahlten Fördersumme wird auf den Letztverbrauch nach Kategorie A umgelegt. Dabei werden Über- oder Unterzahlungen des Vorjahres berücksichtigt. Das folgende Beispiel veranschaulicht das Vorgehen.

Beispiel

Berechnung der KWK-Umlage für Letztverbraucher der Kategorie A für 2014 nach (Netztransparenz 2013) unter Verwendung gerundeter Werte. Dadurch ergeben sich in Einzelfällen Differenzen bei der Bildung von Summen.

Prognostizierte Förderzahlungen für 2014

Zuschlagzahlungen für in KWK erzeugte Elektroenergie	385.778.000,-€
Förderzahlungen für Wärmenetze	101.801.000,-€
Pauschalierte Vorabzahlung des Zuschlags (s. Tab. 2.2)	1.323.000,-€
gesamte Förderzahlungen (GF)	*488.901.000,-€*

Prognose der Letztverbrauchsmengen für 2014 in MWh

Kategorie A (LVA)	201.254.000
Kategorie B (LVB)	217.019.000
Kategorie C (LVC)	72.331.000

Aufschlagszahlungen laut Prognose für 2014

Kategorie B: AZB = (LVB) × 0,05 ct/kWh	108.509.000,-€
Kategorie C: AZC = (LVC) × 0,025 ct/kWh	18.083.000,-€

ermittelter Aufschlag Kategorie A für 2014

AA = (GF – AZB – AZC)/LVA	*0,181 ct/kWh*

Korrektur des Aufschlages der Kategorie A entsprechend der zwischenzeitlich vorliegenden Bescheinigung eines Wirtschaftprüfers zur Jahresabrechnung des Jahres 2012:

erfolgte Zuschlagzahlung für in KWK erzeugte Elektroenergie 2012 (ZZ12)	263.944.000,-€
insgesamt eingenommene Aufschläge 2012 (EA12)	258.398.000,-€
auszugleichende Differenz AD=ZZ12 – EA12	5.546.000,-€
davon auszugleichen in Kategorie A (ADA)	– 4.401.000,-€
Korrektur der Aufschlagzahlung KA=ADA/LVA	– 0,003 ct/kWh

(Nach geltenden Rundungsregeln ergibt sich ein Betrag von – 0,002 ct/kWh. Er wurde zugunsten der Kunden auf – 0,003 ct/kWh festgesetzt.)

| *Korrigierter Aufschlag auf Netzentgelte für Letztverbraucher der Kategorie A für 2014 (AA + KA)* | *0,178 ct/kWh* |

Eine detaillierte Beschreibung zu Fragen der Umsetzung des KWK-Gesetzes enthält eine vom BDEW erstellte Umsetzungshilfe (BDEW 2013c). Die Prognose der Zuschlagzahlungen und der Letztverbrauchsmengen erfolgt durch die VNB auf Grundlage vorhandener Istwerte und der Veränderung des Anlagenbestandes. Die ermittelten Werte werden an die ÜNB weitergeleitet und in Form der „Datenbasis zum KWK-G" (Netztransparenz 2013) zusammengefasst.

Gesetzliche Förderinstrumente in Ergänzungen des EEG und des KWKG 4

4.1 Gesetzliche Förderinstrumente zur Ergänzungen des EEG

Das EEG wird durch weitere finanzielle Förderungen des Einsatzes erneuerbarer Primärenergieträger ergänzt. Das betrifft die Bereiche

EEG-Umlage und Konzessionsabgabe Für die in der EEG-Anlage selbst und in deren räumlichem Zusammenhang verbrauchte Elektroenergie entfällt die Entrichtung der EEG-Umlage an den ÜNB. Wird dabei kein öffentlicher Verkehrsraum genutzt, entfällt darüber hinaus die Konzessionsabgabe an den VNB.

Versteuerung der erzeugten Elektroenergie – Stromsteuer Nach (StromStG 2012) sind Anlagen aller Erzeugungstechnologien mit einer installierten elektrischen Nennleistung von bis zu 2 MW von der Zahlung der Stromsteuer (mit einer Höhe von 20,50 €/MWh im Regelsatz) befreit, wenn die Elektroenergie selbst oder im räumlichen Zusammenhang mit ihrer Erzeugung verbraucht wird.

Darüber hinaus ist elektrische Energie aus erneuerbaren Energieträgern von der Stromsteuer befreit, wenn sie aus einem Netz (oder einer Leitung) entnommen wird, das ausschließlich mit Elektroenergie erneuerbarer Energieträgern gespeist wird.

© Springer Fachmedien Wiesbaden 2014
J. Scheffler, *Die gesetzliche Basis und Förderinstrumente der Energiewende,*
essentials, DOI 10.1007/978-3-658-07554-5_4

4.2 Gesetzliche Förderinstrumente zur Ergänzungen des KWK-G

Auch das KWK-G wird durch eine Reihe weiterer finanzieller Förderungen des Einsatzes von KWK-Technologien ergänzt. Das betrifft die Bereiche

Energiesteuer für Brennstoffe Für die eingesetzten Brennstoffe werden auf Antrag und auf Grundlage von (EnergieStG 2011) und (EnergieStV 2012) die enthaltenen Energiesteuern rückerstattet. Die Weiterführung dieser Regelung wurde zum 1.4.2012 ausgesetzt (BMF 2012a) und nach Anpassung der gesetzlichen Grundlage (EnStromStG 2012), deren Genehmigung durch die Europäische Kommission und Verordnungen (BMF 2013) rückwirkend und differenziert wieder aufgenommen.

Versteuerung der erzeugten Elektroenergie – Stromsteuer Es gelten die für EEG-Anlagen getroffenen Aussagen für Anlagen mit einer installierten elektrischen Nennleistung von bis zu 2 MW. Relevant in diesem Zusammenhang wird der Anlagenbegriff. Er wird in (StromStV 2013) spezifiziert und umfasst demnach auch Elektroenergieerzeugungseinheiten an mehreren Standorten, wenn sie zentral gesteuert werden und deren Betreiber der gleiche und zugleich deren Eigentümer ist.

Virtuelle Kraftwerke, deren erzeugte Elektroenergie in der Regel an einer Strombörse vermarktet wird, sind daher von dieser Regelung ausgeschlossen (Bund 2011).

Die Begrenzung der Regelung auf Anlagen mit einer installierten elektrischen Nennleistung von 2 MW wird kritisiert (BKWK 2012). Sie führt dazu, dass Anlagen knapp unterhalb dieser Leistungsschwelle dimensioniert werden, obwohl technisch ein höheres Potential für Kraft-Wärme-Kopplung besteht. Die Ausdehnung der Regelung auf 2 MW elektrischer Leistung auch größerer Anlagen würde Abhilfe schaffen.

KWKG-Umlage und Konzessionsabgabe ES gelten sinngemäß die gleichen Festlegungen wie für Anlagen zur Elektroenergieerzeugung nach EEG.

Investitionszulage für die Neuerrichtung von KWK-Anlagen bis 20 kW elektrischer Leistung (BMU 2012) Bei Erfüllen einer Reihe von Kriterien wird für neu errichtete KWK-Anlagen ein Investitionszuschuss in Abhängigkeit der installierten Nennleistung gezahlt. Erstmalig im Jahr 2014 wird eine jährlich Degression von 5 % wirksam. Die Förderkriterien verlangen unter anderem grundsätzlich

- über die Vorgaben nach (EC 2004) hinausgehende Primärenergieeinsparungen
- den Abschluss eines Wartungsvertrages
- die Installation eines Wärmespeichers
- einen Gesamtjahresnutzungsgrad von mindestens 85 %

Für Anlagen ab 3 kW elektrischer Nennleistung sind zusätzlich

- eine Steuerung und Regelung zur Ermöglichung einer wärme- und einer strom-geführten Betriebsweise
- ein intelligentes Wärmespeichermanagement sowie ein Smart Meter zur Be-stimmung des aktuellen Bedarfs elektrischer Energie
- eine definierte Schnittstelle für eine externe Leistungsvorgabe

vorzusehen.

Auf dem Gebiet der Energieversorgung von Gebäuden kann der Einsatz von KWK Investitionen in andere für den Energieverbrauch relevante Gebäudebestandteile ersetzen oder reduzieren (EnEV 2014), (EEWärmeG 2011).

Literatur

A

(AnlRegV 2014) BMWi (2014) Verordnung über ein Register für Anlagen zur Erzeugung von Strom aus erneuerbaren Energien und Grubengas (Entwurf). http://www.bmwi. de/BMWi/Redaktion/PDF/Gesetz/verordnung-ueber-ein-register-fuer-anlagen-zur-erzeugung-von-strom-aus-erneuerbaren-energien-und-grubengas,property=pdf,bereich= bmwi2012,sprache=de,rwb=true.pdf Abgerufen am 4.7.2014

(AFGW 2009) AGFW (2009) Arbeitsblatt FW 308 Zertifizierung von KWK-Anlagen – Ermittlung des KWK-Stromes. http://www.agfw.de/service/fw-308/ Abgerufen am 13.6.2014

(AtomG 2011) Bundesregierung (2011) Dreizehntes Gesetz zur Änderung des Atomgesetzes. BGBl. I, v. 05.08.2011 S. 1704.

(AusgleichmechAV 2011) Bundesregierung (2011) AusgleichmechAV. BGBl. I v. 22.02.2010 S. 134

(AusgleichmechAV 2013) BNetzA (2013) 2. Verordnung zur Änderung der AusgleichmechAV. BGBl. I v. 25.02.2013 S. 310

(AusglMechV 2009) Bundesregierung (2009) Verordnung zur Weiterentwicklung des bundesweiten Ausgleichsmechanismus (Ausgleichsmechanismusverordnung – AusglMechV). BGBl. I S. v. 17.7.2009 S. 2101

(AusglMechV 2012) Bundesregierung (2012) Verordnung zur Weiterentwicklung des bundesweiten Ausgleichsmechanismus (Ausgleichsmechanismusverordnung – AusglMechV). http://www.gesetze-im-internet.de/bundesrecht/ausglmechv/gesamt.pdf Abgerufen am 4.6.2014

© Springer Fachmedien Wiesbaden 2014
J. Scheffler, *Die gesetzliche Basis und Förderinstrumente der Energiewende*,
essentials, DOI 10.1007/978-3-658-07554-5

B

(BAGebV 2013) Bundesregierung (2013) Verordnung über Gebühren und Auslagen des Bundesamtes für Wirtschaft und Ausfuhrkontrolle im Zusammenhang mit der Begrenzung der EEG-Umlage (Besondere-Ausgleichsregelung-Gebührenverordnung). BGBl. I v. 18.3.2013 S. 448

(BauGB 2011) Bundesregierung (2011) Gesetz zur Stärkung der klimagerechten Entwicklung in den Städten und Gemeinden. BGBl. I v. 29.7. 2011, S. 1509.

(BDEW 2013a) BDEW (2013) BDEW-Strompreisanalyse November 2013. http://www.bdew.de/internet.nsf/id/123176ABDD9ECE5DC1257AA20040E368/$file/131120_BDEW_Strompreisanalyse_November%202013.pdf Abgerufen 4.06.2014

(BDEW 2013b) BDEW (2013) Umsetzungshilfe zum EEG 2012. http://www.bdew.de/internet.nsf/res/313F1B2B1578A980C1257BEA0052440C/$file/130516%20BDEW-Umsetzungshilfe%20EEG%202012.pdf Abgerufen 17.1.2014

(BDEW 2013c) BDEW (2013) Umsetzungshilfe zum Kraft-Wärme-Kopplungsgesetz – KWK-G.http://www.bdew.de/internet.nsf/res/07FB721D9C0144E8C1257BF1003FF133/$file/KWK-G%20Umsetzungshilfe%20f%C3%BCr%20Netzbetreiber%20.0_final.pdf Abgerufen: 7.6.2014

(BDEW 2014) BDEW (2014) Erneuerbare Energien und das EEG: Zahlen, Fakten, Grafiken. http://www.bdew.de/internet.nsf/id/83C963F43062D3B9C1257C89003153BF/$file/Energie-Info_Erneuerbare%20Energien%20und%20das%20EEG%20%282014%29_24.02.2014_final_Journalisten.pdf Abgerufen 7.4.2014

(Behling 2013) Behling S (2013) Welcher Weg führt zu mehr Effizienz bei der Förderung erneuerbarer Energien. ew 12/2013 S. 16

(Beyer u. Hayrapetyan 2012) Beyer T, Hayrapetyan V (2012) Herausforderungen in den Griff bekommen. ew, Heft 5 2012 S. 44--46

(BKWK 2012) Bundesverband Kraft-Wärme-Kopplung (2012) Stellungnahme des B.KWK zum Bundeskabinetts-Beschluss vom 14.12.2011 zur Novellierung KWKG 2012. http://www.bkwk.de/fileadmin/users/bkwk/download/recht/Stellungnahme_BKWK_KWKG_2012.pdf Abgerufen am 3.2.2014

(BMF 2012a) Bundesministerium der Finanzen (2012) Steuerentlastung für KWK-Anlagen nach § 53 Absatz 1 Satz 1 Nummer 2 EnergieStG; Aussetzung der Bearbeitung von Steuerentlastungsanträgen wegen Auslaufen der beihilferechtlichen Genehmigung zum 31. März 2012. Dok.-Nr. 2012/0306590 http://www.bhkw-infozentrum.de/download/Erlass_Steuerentlastung_KWK-Anlagen_120330.pdf Abgerufen 21.1.2014

(BMF 2012b) Bundesministerium der Finanzen (2012) Umsatzsteuerrechtliche Behandlung der Marktprämie nach § 33g des Gesetzes für den Vorrang Erneuerbarer Energien (EEG) bzw. der Flexibilitätsprämie nach § 33i EEG. Bundessteuerblatt I, v. 6.11.2012 S. 1095

(BMF 2013) Bundesministerium der Finanzen (2013) Zweite Verordnung zur Änderung der Energiesteuer- und der Stromsteuer-Durchführungsverordnung. BGBl I v. 31.7.2013 S. 2763

(BMU 2011a) BMU (2011) Der Weg zur Energie der Zukunft – sicher, bezahlbar und umweltfreundlich Eckpunktepapier der Bundesregierung zur Energiewende. http://www.bundesregierung.de/Content/DE/_Anlagen/2011/06/2011-06-06-energiekonzept-eckpunkte.pdf?__blob=publicationFile&v=3 Abgerufen 13.04.2012

(BMU 2011b) BMU (2011) Das Energiekonzept und seine beschleunigte Umsetzung.http://www.bmu.de/energiewende/beschluesse_und_massnahmen/doc/print/47892.php Abgerufen 13.05.2012

(BMU 2012) BMU (2012) Richtlinien zur Förderung von KWK-Anlagen bis 20kW elektrischer Leistung. http://www.bmu.de/files/pdfs/allgemein/application/pdf/richtlinie_mini_kwk_bf.pdf Abgerufen 4.4.2013

(BMWi 2010) BMWi und BMU (2010) Energiekonzept für eine umweltschonende, zuverlässige und bezahlbare Energieversorgung. http://www.bmu.de/files/pdfs/allgemein/application/pdf/energiekonzept_bundesregierung.pdf Abgerufen 7.11.2011

(BMWi 2011) BMWi (2011) Zwischenüberprüfung des Kraft-Wärme-Kopplungsgesetzes. http://www.bmwi.de/BMWi/Redaktion/PDF/Publikationen/novelle-des-kraft-waermekopplungsgesetzes,property=pdf,bereich=bmwi,sprache=de,rwb=true.pdf Abgerufen 15.2.2013

(BNetzA 2006) Bundesnetzagentur (2006) Beschluss der Beschlusskammer 6 in dem Verwaltungsverfahren wegen der Festlegung einheitlicher Geschäftsprozesse und Datenformate zur Abwicklung der Belieferung von Kunden mit Elektrizität. http://www.bundesnetzagentur.de/DE/DieBundesnetzagentur/Beschlusskammern/1BK-Geschaeftszeichen-atenbank/BK6/2006/2006_001bis100/BK6-06-009/Entscheidung%20vom%2011_07_06.pdf?__blob=publicationFile Abgerufen 29.11.2011

(BNetzA 2010) Bundesnetzagentur (2010) Beschluss der Beschlusskammer 6 in dem Verwaltungsverfahren wegen der Festlegung zur Standardisierung von Verträgen und Geschäftsprozessen im Bereich des Messwesens. http://www.suec.de/Download/PDF/Vertragscenter/Beschluss_BK6-09-034.pdf Abgerufen 4.6.2014

(BNetzA 2012) Bundesnetzagentur (2012) EEG-Umlage beträgt im kommenden Jahr 5,277 ct/kWh. Pressemitteilung vom 15.10.2012 http://www.bundesnetzagentur.de/SharedDocs/Pressemitteilungen/DE/2012/121015_EEGUmlage.html Abgerufen 12.1.2013

(BNetzA 2014a) Bundesnetzagentur (2014) Bestimmung der Vergütungssätze für Fotovoltaikanlagen nach § 32 EEG. http://www.bundesnetzagentur.de/cln_1431/DE/Sachgebiete/ElektrizitaetundGas/Unternehmen_Institutionen/ErneuerbareEnergien/Photovoltaik/DatenMeldng_EEG-VergSaetze/DatenMeldng_EEG-VergSaetze_node.html;jsessionid=A3E1069FB4B5D79051A2E592168A90BF#doc405794bodyText4 Abgerufen 4.06.2014

(BNetzA 2014b) Bundesnetzagentur (2014) Kraftwerksliste. http://www.bundesnetzagentur.de/cln_1412/DE/Sachgebiete/ElektrizitaetundGas/Unternehmen_Institutionen/Versorgungssicherheit/Erzeugungskapazitaeten/Kraftwerksliste/kraftwerksliste-node.html Abgerufen 14.6.2014

(Börner 2012) Börner A-R (2012) Der Energiefahrplan 2050 der EU. ew, Heft 6 2012 S. 20--23

(Bund 2011) Deutscher Bundestag (2011) Steuerliche Behandlung von virtuellen Kraftwerken in der Energiesteuer- und der Stromsteuerdurchführungs-verordnung. Drucksache 17/7324 v. 12.10.2011

(Bund 2014) Deutscher Bundestag (2014) Entwurf eines Gesetzes zur grundlegenden Reform des Erneuerbare-Energien-Gesetzes und zur Änderung weiterer Bestimmungen des Energiewirtschaftsrechts. Drucksache 18/1304 v. 5.5.2014

(Bundesregierung 2004) Bundesregierung (2004) Konsolidierte Fassung der Begründung zu dem Gesetz für den Vorrang Erneuerbarer Energien. Bundesdrucksache Nr. 15/2864 v. 1.4.2004

(Bundesregierung 2011) Bundesregierung (2011) Erfahrungsbericht 2011 zum Erneuerbare-Energien-Gesetz. http://www.bmu.de/files/pdfs/allgemein/application/pdf/eeg_erfahrungsbericht_2011_bf.pdf Abgerufen 15.05.2012

(BVerfG 1994) Bundesverfassungsgericht (1994) Beschluss Nr. BVerfGE 91 (186).
(BWE 2011) Bundesverband Windenergie e. V. (2011) Umlage der Netzausbaukosten scheitert im Bundesrat. http://www.wind-energie.de/infocenter/meldungen/2011/umlage-der-netzausbaukosten-scheitert-im-bundesrat Abgerufen 1.03.2012

C

(Clearingstelle-EEG 2011) Clearingstelle-EEG (2011) Empfehlung 2011/1 vom 29. September 2011. http://www.clearingstelle-eeg.de/empfv/2011/1 Abgerufen 12.05.2012
(Cludius et al. 2014) Cludius J et al. (2014) The merit order effect of wind and photovoltaic electricity generation in Germany 2008--2016: Estimation and distributional implications. Energy Economics Volume 44, July 2014, Pages 302--313

D

(DLG 2014) DLG e. V. (2014) DLG-Merkblatt 396: Flexibilitätsprämie bei Biogas.http://www.dlg.org/fileadmin/downloads/merkblaetter/dlg-merkblatt_396.pdf, Abgerufen 2.7.2014

E

(ECCP 2000) European Commission (2000) The European Climate Change Programme. http://ec.europa.eu/clima/publications/docs/eccp_en.pdf Abgerufen 1.05.2012
(EC 2004) European Commission (2004) Richtlinie 2004/8/EG des Europäischen Parlaments und des Rates vom 11. Februar 2004 über die Förderung einer am Nutzwärmebedarf orientierten Kraft-Wärme-Kopplung im Energiebinnenmarkt und zur Änderung der Richtlinie 92/42/EWG. Amtsblatt der Europäischen Union v. 21.2.2004
(EC 2014) European Commission (2014) Guidelines on State aid for environmental protection and energy 2014--2020. http://ec.europa.eu/competition/sectors/energy/eeag_en.pdf Abgerufen 3.6.2014
(Ecofys 2011) Ecofys Germany GmbH (2011) Vorbereitung und Begleitung der Erstellung des Erfahrungsberichtes 2011 gemäß § 65 EEG, Vorhaben III, Netzoptimierung, -integration und -ausbau, Einspeisemanagement. http://www.erneuerbare-energien.de/files/pdfs/allgemein/application/pdf/eeg_eb_2011_netz_einspeisung_bf.pdf Abgerufen 16.4.2012
(EEG 2000) Bundesregierung (2000) Gesetz für den Vorrang Erneuerbarer Energien. BGBl. I v. 31.03.2000 S. 305
(EEG 2004) Bundesregierung (2004) Gesetz für den Vorrang Erneuerbarer Energien. BGBl. I v. 21.07.2004 S. 1918
(EEG 2009) Bundesregierung (2008) Gesetz für den Vorrang Erneuerbarer Energien. BGBl. I v. 25.10.2008 S. 2074

(EEG 2012) Bundesregierung (2011) Gesetz zur Neuregelung des Rechtsrahmens für die Förderung der Stromerzeugung aus erneuerbaren Energien (EEG). BGBl. I v. 4.8.2011, S. 1634.

(EEG 2014) Bundesregierung (2014) Gesetz für den Ausbau erneuerbarer Energien. BGBl. I v. 21.07.2014 S. 1066

(EEG-KWK.net 2013a) EEG/KWK-G Informationsplattform der deutschen Übertragungsnetzbetreiber (2013) KWKG-Mittelfristprognose bis 2018. http://www.eeg-kwk.net/de/file/KWK-MiFri_2003-2018_Veroeffentlichung.pdf Abgerufen 17.2.2014

(EEG-KWK.net 2013b) EEG/KWK-G Informationsplattform der deutschen Übertragungsnetzbetreiber (2013) Testierte KWK-Jahresabrechnungen. http://www.eeg-kwk.net/de/KWK_Jahresabrechnungen.htm Abgerufen 26.2.2014

(EEWärmeG 2008) Bundesregierung (2008) Gesetz zur Förderung Erneuerbarer Energien im Wärmebereich. BGBl. I v. 07.08.2008 S. 1658

(EEWärmeG 2011) Bundesregierung (2011) Gesetz zur Förderung Erneuerbarer Energien im Wärmebereich (Erneuerbare-Energien- Wärmegesetz – EEWärmeG. BGBl. I v.15.4.2011 S. 623

(EKFG 2011) Bundesregierung (2011) Gesetz zur Änderung des Gesetzes zur Errichtung eines Sondervermögens „Energie- und Klimafonds". BGBl. I v. 5. 8. 2011 S. 1702.

(EnergieStG 2011) Bundesregierung (2011) Energiesteuergesetz. http://www.gesetze-im-internet.de/energiestg/index.html Abgerufen 19.10.2013

(EnergieStV 2012) Bundesregierung (2011) Energiesteuerverordnung. http://www.gesetze-im-internet.de/bundesrecht/energiestv/gesamt.pdf Abgerufen 19.10.2013

(EnEV 2014) Bundesregierung (2013) Zweite Verordnung zur Änderung der Energieeinsparverordnung. BGBl. I v. 21. 11. 2013 S. 3951

(EnStromStG 2012) Bundesregierung (2012) Gesetz zur Änderung des Energiesteuer- und des Stromsteuergesetzes sowie zur Änderung des Luftverkehrsteuergesetzes vom 5. Dezember 2012. BGBl. I v. 11.12.2012 S. 2436

(EnWGÄndG 2011) Bundesregierung (2011) Gesetz zur Neuregelung energiewirtschaftsrechtlicher Vorschriften (EnWGÄndG). BGBl. I v. 3. 8. 2011 S. 1554

(EU Parlament 2009) Europäisches Parlament (2009) Richtlinie 2009/28/EG des Europäischen Parlaments und des Rates vom 23. April 2009. Amtsblatt der Europäischen Union vom 5.6.2009 L140/16 – L 140/62

G

(GET AG 2011) Energie und Management (2011) Preiskarten – deutliche Unterschiede bei Netzkosten. Marktplatz Energie online-Publikation Ausgabe August 2011

H

(Henkel und Lenck 2013) Energy Brainpool GmbH & Co. KG (2013) Prognose der Stromabgabe an Letztverbraucher für das Kalenderjahr 2014. http://www.eeg-kwk.net/de/file/EnergyBrainpool_Prognose_LV_2014.pdf Abgerufen 24.3.2014

(**Hollinger et al. 2011**) Hollinger R et al. (2011) Mikro-BHKw zuur Eigenversorgung in der Wohnungswirtschaft: Wirtschaftlichkeit und Systemintegration. ETG-Kongress 2011 Würzburg, 8.–9.11.2011 paper 2.13

J

(**Jarass et al. 2007**) Jarass L, Obermair G M, Jarass A (2007) Wirtschaftliche Zumutbarkeit des Netzausbaus für Windenergie. http://achtung-hochspannung.de/cms/upload/pdf/ Netzausbau_BMU_v21.40_Endfassung.pdf Abgerufen 6.05.2012

(**Jarass et al. 2009**) Jarass L, Obermair G M, Voigt W (2009) Windenergie zuverlässige Integration in die Energieversorgung. Springer

K

(**Korb 2013**) Korb F (2013) Spezifikation Edifact-Schnittstelle für ein elektronisches Herkunftsnachweisregister für Strom aus erneuerbaren Energien. http://www.umweltbundesamt.de/publikationen/spezifikation-edifact-schnittstelle-fuer-ein Abgerufen 2.4.2014

(**Küchler u. Meyer 2011**) Küchler S und Meyer B (2011) Was Strom wirklich kostet. http://www.foes.de/pdf/2011_FOES_Vergleich_Foerderungen_lang.pdf Abgerufen 11.05.2012

(**KWK-G 2000**) Bundesregierung (2000) Gesetz zum Schutz der Stromerzeugung aus Kraft-Wärme-Kopplung. BGBl. I v. 17. 5. 2000 S. 703

(**KWK-G 2012**) Bundesregierung (2012) Gesetz zur Änderung des Kraft-Wärme-Kopplungsgesetzes. BGBl. I v. 12.07.2012 S. 1494

(**Kyoto-Protokoll 2002**) Bundesregierung (2002) Gesetz zu dem Protokoll von Kyoto vom 11. Dezember 1997 zum Rahmenübereinkommen der Vereinten Nationen über Klimaänderungen (Kyoto-Protokoll). Gesetz vom 27. April 2002. BGBl. II, v. 2. 5. 2002 S. 966

L

(**Lange et al. (2014)**) Lange A et al. (2014) Laufende Evaluierung der Direktvermarktung von Strom aus Erneuerbaren Energien Stand 5/2014.

(**LfU Bayern 2011**) Bayerisches Landesamt für Umwelt (2011) Internationale Klimaschutzpolitik. http://www.lfu.bayern.de/umweltwissen/doc/uw_29_klimaschutzpolitik.pdf Abgerufen 1.5.2012

(**LG Münster 2011**) LG Münster (2011) AZ 20634/09. Trendresearch, Bremen (2010)

M

(**MaPrV 2012**) Verordnung über die Höhe der Managementprämie für Strom aus Windenergie und solarer Strahlungsenergie (Managementprämienverordnung) BGBl I v. 2.11.2012 S. 2278

(**Mohrbach 2013**) Mohrbach E (2013) Herkunftsnachweisregister für Strom aus erneuerbaren Energien. ew 112 (2013) H. 3 S. 81

(**Möhring 2010**) Möhring T (2010) Leitfaden Repowering – Handlungs-empfehlungen und Strategien für die Entwicklung von Windenergiestandorten. Universitätsverlag der TU Berlin, Berlin

N

(**NABEG 2011**) Bundesregierung (2011) Gesetz über Maßnahmen zur Beschleunigung des Netzausbaus Elektrizitätsnetze (NABEG). BGBl. I v. 5.8. 2011 S. 1690

(**NAPEE 2010**) Bundesregierung (2010) Nationaler Aktionsplan für erneuerbare Energie. http://www.bmu.de/files/pdfs/allgemein/application/pdf/nationaler_aktionsplan_ee.pdf Abgerufen 21.02.2012

(**Netztransparenz 2013**) Informationsplattform der vier deutschen Übertragungsnetzbetreiber (2013) Datenbasis zum KWK-G. http://www.netztransparenz.de/de/file/Datenbasis%281%29.pdf Abgerufen 12.4.2014

(**Netztransparenz 2014a**) Informationsplattform der vier deutschen Übertragungsnetzbetreiber (2014) EEG-Mengentestate 2000 bis 2013 auf Basis von WP-Bescheinigungen. http://www.netztransparenz.de/de/EEG_Jahres-abrechnungen.htm Abgerufen 11.8.2014

(**Netztranparenz 2014b**) Informationsplattform der vier deutschen Übertragungsnetzbetreiber (2014) EEG-Vergütungskategorientabelle mit allen Kategorien bis Inbetriebnahmejahr 2014 http://www.netztransparenz.de/de/EEG_Umsetzungshilfen.htm Abgerufen 12.4.2014

R

(**r2b energy consulting 2013**) r2b energy consulting GmbH (2013) Jahresprognose zur deutschlandweiten Stromerzeugung aus EEG geförderten Kraftwerken für das Kalenderjahr 2014 http://www.eeg-kwk.net/de/file/r2b_EEG_Prognose_2014.pdf Abgerufen 3.1.2014

(**REPN 2011**) Renewable Energy Policy Network for the 21st Century (2011) Renewables 2011 Global Status Report. http://www.ren21.net/Portals/97/documents/GSR/REN21_GSR2011.pdf Abgerufen 1.12.2011

(**RWI 2012**) Rheinisch-Westfälisches Institut für Wirtschaftsforschung (Hrsg.) (2012) Marktwirtschaftliche Energiewende: Ein Wettbewerbsrahmen für die Stromversorgung mit alternativen Technologien. Essen

S

(Schwarz et al. (2008) Schwarz H-G, Dees P, Lang C, Meier S (2008) Quotenmodelle zur Förderung von Stromerzeugung aus Erneuerbaren Energien: Theorie und Implikationen. http://www.economics.phil.uni-erlangen.de/forschung/workingpapers/quotenmodell.pdf Abgerufen 2.10.2011

(SolarFördÄndG 2012) Bundesregierung (2012) Gesetz zur Änderung des Rechtsrahmens für Strom aus solarer Strahlungsenergie und zu weiteren Änderungen im Recht der erneuerbaren Energien. BGBl. I v. 23.8.2012 S. 1754

(StromEinspG 1990) Bundesregierung (1990) Gesetz über die Einspeisung vom Strom aus erneuerbaren Energien in das öffentliche Netz (Stromeinspeisegsetz). BGBl. I v. 7.12.1990 S. 2633

(StromNEV 2011) Bundesregierung (2011) Stromnetzentgeltverordnung. BGBl. I v. 28.7. 2011 S. 1690

(StromStG 2012) Bundesregierung (2012) Stromsteuergesetz. BGBl. I v. 24.3.1999 S. 378, zuletzt geändert s. BGBl. I v. 5.12.2012, S. 2436

(StromStV 2013) BMF (2013) Stromsteuer-Durchführungsverordnung. BGBl. I v. 31.5.2000 S. 794, zuletzt geändert s. BGBl. I v. 24.7.2013 S. 2763

(SysStabV 2012) Bundesregierung (2012) Verordnung zur Gewährleistung der technischen Sicherheit und Systemstabilität des Elektrizitätsversorgungsnetzes (Systemstabilitätsverordnung – SysStabV). BGBl. I v. 20.7.2012 S. 1635

T

(Tachilzik u. Eisenbeis 2013) Tachilzik T, Eisenbeis S (2013) Die EEG-Umlage als Chance für die Kundenbindung. Ew Jg. 112 H. 1--2 (2013) S. 38

(TEHG 2011) Bundesregierung (2011) Gesetz über den Handel mit Berechtigungen zur Emission von Treibhausgasen (Treibhausgas – Emissionshandelsgesetz – TEHG). BGBl. I v. 21.7.2011 S. 1475

U

(UBA 2014) Umweltbundesamt (Hrsg.) (2014) KWK-Ausbau Entwicklung Prognose Wirksamkeit der Anreize im KWK-Gesetz. http://www.umweltbundesamt.de/sites/default/files/medien/378/publikationen/climate_change_02_2014_kwk-ausbau_entwicklung_prognose_wirksamkeit_der_anreize_im_kwk-gesetz_0.pdf Abgerufen 5.6.2014

(UGA 2013) Umweltgutachterausschuss (Hrsg.) (2013) Leitlinie des Umweltgutachterausschusses zu den Aufgaben der Umweltgutachter im Bereich der Gesetze für den Vorrang der Erneuerbaren Energien (EEG 2009 und 2012) für Wasserkraft, Biomasse und Geothermie (Aufgabenleitlinie EEG). http://www.uga.de/allgemeines/veroeffentlichungen/publikationen/ Abgerufen 1.7.2014

(**UN2012**) Unired Nations (2012) Doha Amendment to the Kyoto Protocol. http://treaties.un.org/doc/Treaties/2012/12/20121217%2011-40%20AM/CN.718.2012.pdf Abgerufen 3.11.2013

(**UNFCCC 1998**) United Nations, Framework Convention on Climate Change (1998) Report of the Conference of the Parties on its third session, held at Kyoto, from 1 to 11 December 1997. Addendum. Part two: Action taken by the Conference of the Parties at its third session. http://unfccc.int/resource/docs/cop3/07a01.pdf Abgerufen 1.5.2012

(**ÜNB 2013a**) ÜNB (2013) Prognose der EEG-Umlage 2014 nach AusglMechV. http://www.eeg-kwk.net/de/file/Konzept_zur_Prognose_und_Berechnung_der_EEG-Umlage_2014_nach_AusglMechV.PDF Abgerufen 12.2.2014

(**ÜNB 2013b**) ÜNB (2013) Rückabwicklung § 19 StromNEV. http://www.netztransparenz.de/de/file/19-Rueckabwicklung.pdf Abgerufen 4.3.2014

(**UNFCCC 2012**) United Nations, Framework Convention on Climate Change (2012) UNFCCC: Status of Ratification of the Kyoto Protocol. http://unfccc.int/kyoto_protocol/status_of_ratification/items/2613.php Abgerufen 1.5.2012

V

(**VDN 2007**) Verband der Netzbetrieber (Hrsg.) Kalkulationsleitfaden § 18 StromNEV. http://www.bdew.de/internet.nsf/id/DE_EEG-Umsetzungshilfen/$file/2007-03-03_VDN-Kalkulationsleitfaden_18_StromNEV.pdf Abgerufen 6.6.2012

W

(**Wiechers 2008**) Wiechers U (2008) Netzanschluss und Netzausbau im Spiegel der Rechtsprechung des Bundesgerichtshofs. http://www.clearingstelle-eeg.de/files/FG3_Wiechers.pdf Abgerufen 2.5.2012